*Jean-Jacques Baude*

# L'Empoissonnement des eaux douces

*Techniques*

 Le code de la propriété intellectuelle du 1er juillet 1992 interdit en effet expressément la photocopie à usage collectif sans autorisation des ayants droit. Or, cette pratique s'est généralisée dans les établissements d'enseignement supérieur, provoquant une baisse brutale des achats de livres et de revues, au point que la possibilité même pour les auteurs de créer des œuvres nouvelles et de les faire éditer correctement est aujourd'hui menacée. En application de la loi du 11 mars 1957, il est interdit de reproduire intégralement ou partiellement le présent ouvrage, sur quelque support que ce soit, sans autorisation de l'Éditeur ou du Centre Français d'Exploitation du Droit de Copie , 20, rue Grands Augustins, 75006 Paris.

ISBN : 978-1985279483

10  9  8  7  6  5  4  3  2  1

Jean-Jacques Baude

# L'Empoissonnement des eaux douces

Techniques

# Table de Matières

I. — NAISSANCE ET DÉVELOPPEMENT DU POISSON. 7

II. — POISSONS SÉDENTAIRES. — POISSONS VOYAGEURS. 12

III. — ACCLIMATATION DU POISSON ET STABULATION. 28

IV. — MORT DU POISSON. 39

V. — PHOSPHATES ÉGARÉS. 47

VI. — POLICE DE LA PÊCHE. 50

NOTES 63

## LES POISSONS SÉDENTAIRES ET LES POISSONS VOYAGEURS. - PRODUCTION, ÉLEVÉ ET ACCLIMATATION DES ESPÈCES. - POLICE DE LA PÊCHE.

J'ai toujours considéré le progrès des sciences naturelles comme la base la plus solide et la plus féconde qui puisse être donnée à l'amélioration de la condition de l'humanité… » Telles sont les paroles que prononçait Cuvier en commençant le dernier cours qu'il ait fait au Collège de France ; elles ne sauraient être déplacées au début d'une étude qui doit en faire ressortir la justesse. L'éloquent interprète des sciences naturelles, les prenant à leur berceau et les conduisant jusqu'à nos jours, semblait faire ainsi l'histoire de la civilisation elle-même, et à la grandeur animée de ses tableaux, à la profondeur de ses aperçus sur le passé, l'imagination exaltée de ses auditeurs croyait souvent entrevoir un avenir de prospérités sans limites. Vingt-neuf ans ne se sont pas écoulés depuis que cette voix puissante s'est éteinte, et, pour ne citer qu'un exemple du progrès qu'a fait dans ce court intervalle l'asservissement des forces de la nature à la volonté de l'homme, nous avons appris d'Ampère à transmettre la pensée de ville à ville, d'état à état, avec la rapidité de la lumière du soleil ; mais, tandis que se font d'un côté des pas de géant, d'autres régions de notre domaine, et des plus rapprochées de nous restent à demi explorées. Telle est l'ichthyologie. L'œuvre la plus considérable de notre temps sur ce vaste sujet est sans contredit l'*Histoire naturelle des Poissons* de MM. Cuvier et Valenciennes : les espèces y sont décrites avec autant de clarté que de savoir, et ce beau livre ne cessera jamais d'être la première base de toute étude sérieuse ; mais, sur les mœurs des poissons, sur la manière dont ils se reproduisent, sur les rapports des espèces entre elles, sur la géologie, la température et la flore des fonds qu'elles affectionnent ou qu'elles fuient, sur les causes déterminantes des goûts sédentaires des unes, des migrations des autres, les illustres auteurs n'ont pu dire que ce qu'on sait, c'est-à-dire assez peu de chose.

La profondeur et l'obscurité des eaux s'interposent entre nos faibles yeux et les secrets qu'il s'agit de pénétrer, et les plus instruits en pareille matière sont peut-être d'humbles pêcheurs qui, forcément aux prises avec les difficultés de leur existence, observent sans cesse les allures de leur proie, afin d'apprendre à la mieux saisir. Je voudrais ici me mettre à leur suite, étudier l'ichthyologie sous ses aspects les plus vulgaires, dans ses destinations les plus prosaïques, conduire, pour ne rien dissimuler, le lecteur qui aura le courage de me suivre de la hutte du pêcheur dans la cuisine du plus humble ménage : l'une est le point de départ, l'autre le but de la course, et si, chemin faisant, nous trouvons quelques points de vue qui nous sourient, nous le devrons uniquement au charme providentiel qui s'attache à la contemplation des moindres œuvres de Dieu.

## I. — NAISSANCE ET DÉVELOPPEMENT DU POISSON.

La nature répand les germes en quantités innombrables ; mais à peine éclos, des multitudes d'ennemis viennent les assaillir, et c'est par des réactions perpétuelles entre les excès de la production et ceux de la destruction que se maintient l'harmonie entre les êtres capables de se reproduire. Si dans le règne végétal où le règne animal une seule espèce était soustraite à cette loi, elle envahirait bientôt toute la surface de la terre. Que resterait-il aux autres végétaux, si tous les glands devenaient chênes, aux autres animaux, si tous les œufs devenaient coqs et poules ? Ce désordre est prévenu en ce que les germes, graines ou œufs, sont la principale nourriture des animaux : les espèces se limitent ainsi entre elles en se disputant la nourriture disponible. Les carnassiers arrêtent l'excès de multiplication des herbivores, et périssent eux-mêmes lorsque leurs victimes deviennent trop rares.

L'amplitude du balancement entre la force d'expansion et les causes de destruction des espèces est beaucoup ; plus grande dans le sein des eaux qu'à la surface des terres ; les poissons en effet sont autrement féconds que les mammifères ou les oiseaux. La quantité de leurs œufs a de quoi effrayer l'imagination ; mais le milieu dans lequel ils les déposent est le plus actif des dissolvants. Emportés par les courants, ballottés par les vagues, dispersés dans les immensités de l'espace, ces germes ne sont pas, tant s'en faut tous fécondés. Avant qu'ils soient éclos, la plus grande partie devient l'aliment des poissons, très avides eux-mêmes de leur frai, ou d'animalcules imperceptibles, d'insectes sans nom, qui serviront de proie au petit nombre proportionnel des survivants des pontes. Ainsi la vie monte d'échelons en échelons depuis les infusoires jusqu'à l'homme, ce roi ingrat de la création, et elle en redescend pour animer indéfiniment le cercle où se placent, chacune à son rang, toutes les créatures, tour à tour dévorantes et dévorées, fléau ou pâture de leurs corrélatifs, Les végétaux entrent aussi dans ce cercle mystérieux, et les animaux ne se nourrissent de leur substance que pour leur rendre par la terre ce qu'ils ont reçu d'eux.

Quand on saura quel degré occupe dans l'échelle des êtres chacune des espèces de poissons qui s'approprient aux besoins de l'homme, de quelles plantes ou de quelles chairs elle se nourrit, à quelles autres conditions accessoires est attachée son existence, la pisciculture sera un art complet. Les limites en sont tellement éloignées qu'à peine les entrevoyons-nous, et tellement élastiques qu'elles ne seront probablement jamais définitivement fixées ; mais l'étendue de la carrière à parcourir doit d'autant moins être un motif de découragement qu'un résultat immédiat viendra récompenser chaque pas qu'on y pourra faire.

Les poissons adultes passent en général les trois quarts de l'année à se charger d'œufs et de laitance, et le frai s'effectue dans l'autre quart. L'époque n'en est pas la même pour toutes les espèces, et dans des espèces identiques elle varie suivant les différences des lieux et des températures. Les femelles se débarrassent isolément du poids de leurs œufs, et les mâles viennent à la suite les féconder par l'aspersion de leur laitance. Les cyprins, dont le meilleur est la carpe, fraient à la nage, en pleine eau ; la chaleur paraît exercer une action prédominante sur leur faculté reproductive, et tenir même lieu quelquefois de l'influence des saisons. Ainsi des carpes entretenues dans les bassins où se déversent les eaux échauffées qui sortent des machines à vapeur cessent d'être affectées par la température extérieure, et leurs pontes se succèdent sans interruption. Les salmonées, dont les œufs sont par rapport à leur taille beaucoup plus rares et plus volumineux, remontent pour frayer jusqu'aux sources des eaux vives qui sont leur séjour de prédilection ; elles disposent avec beaucoup d'art, à de faibles profondeurs, des lits de petit gravier, et y font échapper successivement, en y frottant légèrement leur ventre, les œufs, puis la laitance dont elles sont chargées. Les habitants des montagnes où la truite est commune ont appris d'elle à lui préparer des frayères artificielles, où elle se rend de préférence. La pisciculture doit de plus grands progrès encore à un pauvre pêcheur des Vosges, qui a rendu célèbres depuis dix-huit ans le village de La Bresse, et le nom de Rémy. Il remarquait avec chagrin (car c'était le gagne-pain de sa famille qui fuyait) que depuis plusieurs années la truite désertait progressivement divers ruisseaux du bassin de Remiremont. Prenant pour point de départ ses observations personnelles sur les pontes et les éclosions de ce précieux poisson, il entreprit de le ramener dans les eaux de son voisinage. Il imita, dans des récipients alimentés par des courants d'eau limpide, les frayères de la montagne, y répandit, au moyen d'une légère pression de la main, d'abord des œufs, puis de la laitance de truite, surveilla les œufs fécondés jusqu'à l'éclosion, et, confiant le fretin devenu plus fort aux ruisseaux appauvris, leur rendit leur ancienne richesse. À peine le succès fut-il constaté que l'originalité de l'invention fut déniée. M. Coste a rendu justice à tout le monde sur l'invention des procédés de fécondation artificielle du poisson [1]. Il a montré comment elle remontait à l'année 1758 et à Jacobi, le chef d'une famille de Düsseldorf qui a donné plusieurs savants à l'Allemagne [2]. Tout le système est exposé en détail dans le *Traité des Pêches* de Duhamel du Monceau, publié en 1773 : il y restait complètement oublié ; mais ce n'est point là que le pêcheur Rémy, qui n'a jamais su lire, est allé le chercher, et si on lui demandait comment il l'a trouvé, il pourrait aussi répondre : *A force d'y penser*. Il est tout au moins certain que personne en France ne songeait avant lui à des éclosions artificielles de poisson, que si les procédés avaient été inventés en Allemagne en 1758, ils étaient oubliés en France dès 1773, qu'ils ont été non pas exhumés, mais réinventés à nouveaux frais en 1842, et que cette fois, grâce aux circonstances de l'invention, au lieu de s'ensevelir dans des livres, ils se sont répandus, comme une semence féconde, sur toute la surface du pays. C'est donc à notre compatriote des Vosges que nous sommes redevables d'un bienfait dont chaque progrès de la restauration de la pêche fera ressortir l'étendue, et quant à Jacobi, s'il a des droits à notre admiration, il n'en a point à notre reconnaissance.

On a quelquefois rendu la pisciculture ridicule en lui prêtant des promesses que démentaient les effets, et les espérances imaginaires qu'on fondait sur elle sont bien souvent passées jusque dans le langage officiel. « Pour réaliser, disait-on, le vaste projet du repeuplement de toutes les eaux de la France ; une somme relativement peu considérable est demandée. Il est impossible de douter qu'au moyen d'un crédit de 30,000 francs le gouvernement n'obtienne, au point de vue de l'alimentation publique, d'immenses résultats. Le but à atteindre est digne de toute la sollicitude du gouvernement. Le poisson est un aliment sain et substantiel, dont l'accroissement dans une large proportion serait considéré comme un véritable bienfait par nos populations. À ce point de vue, on peut affirmer que le difficile problème des subsistances sera résolu en partie, et que la disette de céréales n'effraiera plus autant les esprits qui se préoccupent de questions économiques [3]. » Le crédit de 30,000 fr. a été accordé, et il a été parfaitement employé par MM. Detzem et Berthot, ingénieurs des ponts et chaussées, à la création de l'établissement de fécondation et d'éclosion d'Huningue. Malheureusement les questions de céréales sont restées ce qu'elles étaient, et le poisson n'a point fait invasion sur les marchés. Se mettre en route n'est pas arriver, et faire éclore des œufs de poissons n'est pas approvisionner un pays de poissons. Il faut quelque chose de plus qu'une dépense intelligente de 30,000 fr. pour changer les bases du régime alimentaire d'une nation de trente-six millions d'âmes.

La pisciculture est l'art de multiplier le poisson, comme l'agriculture est l'art de multiplier les fruits de la terre ; elle doit donc comprendre de même l'ensemencement, l'éclosion et le développement des germes jusqu'à la maturité : la pêche est sa récolte. Voir toute la pisciculture dans le frai et l'éclosion des œufs du poisson serait tenir l'éducation du cheval pour achevée dans la saillie et le part de la jument. Le pêcheur Rémy n'est point tombé dans cette erreur : il prétendait repeupler des cours d'eau épuisés, rien de plus, et il l'a fait. Son imagination n'a point égaré son bon sens. Imitons-le, et prenons les ateliers d'éclosion pour ce qu'ils sont, c'est-à-dire pour d'excellents instruments de translation des espèces en des eaux auxquelles elles sont étrangères. L'atelier d'Huningue suffit jusqu'à présent à cette destination ; il distribue avec une générosité intelligente les meilleures espèces pour l'ensemencement, et les procédés de fécondation qu'il emploie ont, entre autres mérites, celui de se prêter à des applications faciles, ce qui assure à l'atelier d'Huningue des succursales dans toutes les localités où elles seront nécessaires. La translation opérée, le succès du premier ensemencement garanti, on cessera de recourir au frai artificiel : le frai naturel devra être préféré ; mais le frai est peu de chose, si l'on ne pourvoit à la nourriture du poisson ; puis, la nourriture assurée, il reste à créer une police qui protège le poisson contre les nombreuses causes de destruction : dont l'environnent la malice et la maladresse des hommes.

Tous les poissons recherchent avec la même avidité les insectes, qu'ils vivent dans les eaux, dans l'air ou dans les couches supérieures du sol, et, ce goût commun satisfait, les uns se nourrissent principalement de végétaux, les autres de la chair de leurs congénères. Il suit de là que les matières végétales impropres à l'alimentation de l'homme qu'ils s'assimilent ont, pour arriver jusqu'à nous, un degré de plus à franchir, quand elles doivent passer par les espèces piscivores. Cette transformation de second ordre est la cause d'une très grande déperdition. On a calculé, d'après l'expérience acquise dans les étangs les mieux aménagés, qu'il faut, 12 kilogrammes de poisson pour en faire un de perche, et 30 pour en faire un de brochet. Si la chair ainsi consommée valait celle même des piscivores, ce serait accroître dans un rapport très élevé la matière alimentaire disponible pour l'homme que de faire disparaître les espèces carnassières ; mais la plupart des herbivores ne sont en France bons qu'à nourrir des piscivores d'une chair beaucoup plus savoureuse : Il faut donc procéder aux éliminations avec une extrême réserve. En second lieu, il existe dans différents bassins de rivières ou de lagunes des espèces de petits poissons qui se nourrissent d'animalcules insaisissables pour d'autres qu'elles ; elles en extraient tout le produit utile et le livrent, dans leur propre individualité, à d'autres poissons qui l'approprieront à notre nature. Il est des eaux dont l'exploitation ne saurait être avantageuse qu'avec le secours de semblables combinaisons, et la multiplication des espèces les plus dédaignées est quelquefois la base du développement des meilleures.

Considérée dans ses rapports les plus étendus, la pisciculture a pour but de convertir en substances appropriées aux besoins de l'homme des matières dont les unes seraient complètement perdues pour lui, et dont les autres acquièrent dans cette transformation un sensible accroissement de valeur. On voit quel vaste champ d'études et d'expériences elle ouvre à l'histoire naturelle et à l'économie publique et privée. Nous avons à rechercher quels sont les besoins et les conditions de développement des bonnes espèces de poissons, quels végétaux, quels Insectes, quels poissons subalternes, sont les meilleurs à propager pour les alimenter, quelles sont, après l'accroissement de la pâture disponible, les espèces voraces sans profit à écarter du partage, ou même à condamner. Ce cadre comprend toute la botanique et toute la zoologie des eaux. En prenant pour point de départ les travaux des naturalistes qui ont décrit et classé les espèces, il s'agit aujourd'hui de pénétrer les aptitudes, les besoins, les instincts, les mœurs de chacune d'entre elles, et les recherches qui s'enfermaient jusqu'ici dans le cabinet ou le laboratoire du savant doivent se transporter au grand air, sur les fleuves, les lacs, les étangs. Le livre de la nature est ouvert devant les ignorants comme devant les doctes ; tout le monde peut y vérifier les faits anciennement connus, y faire des découvertes. Et quand la masse des observations recueillies sera suffisante, il se trouvera des esprits élevés qui, comprenant ce que les autres n'auront fait qu'entrevoir, dégageront la vérité de l'erreur, mettront au jour les liens inaperçus des phénomènes qui paraissaient isolés, établiront les rapports des effets avec les causes, et feront, en un mot, ressortir de ce qui n'est encore que confusion et obscurité un art sûr de lui-même, atteignant par des procédés infaillibles des résultats déterminés avec intelligence.

## II. — POISSONS SÉDENTAIRES. — POISSONS VOYAGEURS.

Les poissons se partagent en espèces sédentaires et en espèces voyageuses. Les premières s'attachent à un quartier d'un cours d'eau et ne s'en éloignent guère. Ainsi fait la truite des montagnes, qui remonte pour frayer aux sources des eaux vives et ne descend point dans les plaines où ces eaux perdent leur fraîcheur et leur limpidité. Le domaine de la carpe commence à peu près où finit celui de la truite. Les préférences du poisson pour tels ou tels lieux ne sont point l'effet du caprice : elles sont déterminées par les caractères physiologiques des espèces et par les réactions favorables ou nuisibles des milieux qui leur sont offerts. Certains poissons ne se plaisent que dans un lit rocailleux ; à d'autres il faut un fond de sable ou de vase. Les éléments constitutifs du terrain baigné, les sels dont il est imprégné, les plantes fluviatiles et les insectes qu'il nourrit, la température, exercent une influence encore incomplètement définie, mais considérable. S'il fallait ici des exemples, on pourrait citer la Moselle, qui, prenant naissance dans les granits des Vosges, passé ensuite sur les calcaires de la Lorraine, puis coulé jusqu'à son embouchure au travers des terrains de transition. La truite est seule en nombre dans la partie supérieure du cours ; elle est remplacée par des espèces moins délicates dans la traversée des calcaires jurassiques, et de Trêves au Rhin se retrouvent l'abondance et la variété admirables de poissons que célébrait il y a quatorze cents ans le patrice Ausone, poète médiocre, mais dégustateur éminent.

D'habiles pêcheurs divisent, sans autre distinction, les eaux à empoissonner en rapides et dormantes, claires et troubles, froides et tempérées. L'influence de ces divers états physiques des eaux est assurément fort grande ; mais s'ils agissaient seuls, ils produiraient partout les mêmes effets : la mer serait, à ce compte, également poissonneuse sous les mêmes latitudes, et personne ne prétend qu'il en soit ainsi. Il est des circonstances chimiques dont l'action sur le poisson peut être encore très imparfaitement connue, et qu'il serait prématuré de nier pour cela. On a fait jusqu'à présent fort peu de recherches sur les attractions et les répulsions qu'exercent sur le poisson, ou, ce qui revient au même, sur les animaux aquatiques dont il fait sa pâture, la composition géologique des terrains et les sels en dissolution dans les eaux qui en découlent. Nous connaissons seulement des rivières placées dans des conditions apparentes semblables, et dont les unes sont naturellement poissonneuses, tandis que les autres ne le sont pas. Un vaste champ d'observations est ouvert à l'étude de causes et d'effets si variés ; mais les naturalistes qui sauront les éclaircir ne pourront, au début, rattacher leurs investigations qu'à un petit nombre de points culminants.

Par exemple, la richesse ichthyologique des eaux qui suintent des formations calcaires et des formations abondantes en feldspath et par conséquent en potasse est-elle constante ? Les terrains calcaires semblent donner plutôt la quantité, les terrains feldspathiques la qualité. Ainsi le Doubs coule de sa source à son embouchure dans le calcaire jurassique, et le poisson y est si multiplié que pour l'apercevoir il suffit d'un regard jeté sur les eaux. Les terrains tertiaires que traverse la partie inférieure du cours de la Moselle sont très feldspathiques, et une structure fendillée leur donne la faculté d'absorber rapidement les eaux qu'ils reçoivent du ciel : cette absorption se reconnaît à la maigreur et à la rareté des torrents dans cette âpre et montueuse région ; les eaux filtrent lentement dans les entrailles des montagnes, au lieu de se précipiter à la surface, et dans ce trajet elles s'imprègnent bien mieux des sels recelés dans le sein de la terre. Ces circonstances ne sauraient être tout à fait étrangères à la qualité du poisson de la Moselle. Une loi générale de la nature attribue à chaque espèce de sol des végétaux qui naissent et s'y développent de préférence ; ces végétaux, à leur tour, communiquent au bétail qui s'en nourrit des qualités particulières : il doit en être de même des eaux et des poissons qui les peuplent. C'est donc aux riverains des petits cours d'eau d'étudier les espèces sédentaires qui s'approprient aux circonstances locales, et si elles n'y sont pas, de les établir par les procédés aujourd'hui bien connus de l'éclosion artificielle ; c'est à eux de rechercher et de mettre en pratique les moyens spéciaux de multiplier le poisson. En possession de fait de la pêche, ils sont assurés que leurs soins ne seront pas perdus.

Ces études pourraient être entreprises dans des conditions meilleures sur les cours d'eau navigables et flottables, où la pêche s'exerce exclusivement au profit de l'état. Là le champ d'observations est bien plus vaste, l'intérêt plus élevé, car la richesse ou la stérilité, de ces eaux se propage dans d'innombrables ramifications. Les officiers forestiers et les ingénieurs des ponts et chaussées, qui se partagent l'administration de cette branche des revenus de l'état donnent tous les jours, dans d'autres parties de leurs services, des preuves d'une aptitude très supérieure à ce qu'exigerait la fécondation de toutes nos eaux intérieures. Malheureusement, à un nombre imperceptible d'exceptions près, les études sur la production du poisson sont délaissées dans les corps savants, et il semble que le spectacle des plus curieuses transformations de la nature perde de son attrait dès qu'il fait partie d'une tâche officielle. De pareils errements accusent-ils un vice d'organisation ? En attendant que ce doute soit éclairci, les observations sur l'ichthyologie des grands cours d'eau ne peuvent guère être recommandées qu'au zèle et au travail individuels.

Si les riverains des simples ruisseaux ont un intérêt direct à multiplier le poisson, à plus forte raison en est-il ainsi des propriétaires d'étangs. L'exploitation des étangs a fait naître des volumes d'observations judicieuses sur les rapports numériques de l'empoissonnement avec l'étendue des terrains immergés, sur l'équilibre à maintenir dans le peuplement entre les espèces, carnassières ou autres, sur le développement du poisson, et ce mode de culture a quelquefois atteint, dans le cercle étroit où il s'est enfermé, un degré de perfection difficile à dépasser. On ne saurait tenir trop de compte de ces lumières acquises ; mais il est temps d'agrandir l'horizon sur lequel elles se répandent. Nous ne savons pas si des espèces supérieures à celles que nous avons l'habitude d'élever ne se plairaient pas sur le sol, en général argileux, où s'établissent les étangs ; nous ignorons de quelles plantes aquatiques ou de quels insectes il faudrait encourager la multiplication pour favoriser le développement du poisson ; à peine soupçonne-t-on les effets que produiraient sur les plantes aquatiques des engrais jetés dans les eaux qui les baignent [4]. Enfin nous n'avons aucunes notions précises sur les nourritures végétales qui pourraient être ajoutées avec profit à celle qui naît sur l'aire immergée. Il n'y a aucune raison de penser que le poisson rejetât un fourrage artificiel et n'en profitât point. Ce rapide aperçu permet d'entrevoir combien il reste à faire dans un système d'exploitation exclusivement approprié aux espèces sédentaires.

Si, parmi nos pêches d'eau douce, il en était une qui méritât le nom de grande [5], ce serait assurément celle des poissons qui remontent périodiquement de la mer dans les rivières. Ces espèces voyageuses sont celles dont la valeur propre est la plus considérable, et le contingent qu'elles introduisent dans l'alimentation publique l'emporte de beaucoup sur celui des poissons sédentaires ; il suffit, pour justifier cette assertion, de nommer l'anguille, l'alose, le saumon. Il existe en outre, pour la pêche de ces poissons, une étroite solidarité entre toutes les parties des voies souvent fort

II. — POISSONS SÉDENTAIRES. — POISSONS VOYAGEURS.

étendues qu'ils suivent, et il suffit parfois d'un abus toléré sur un seul passage d'une rivière pour qu'ils en désertent entièrement le cours. Ces circonstances appellent une attention particulière sur la protection due à la multiplication des espèces voyageuses ; mais pour régler la police des eaux, il faut connaître les mœurs de leurs habitants. La plupart de nos règlements sur la pêche ne sont inefficaces que parce que les circonstances auxquelles ils s'appliquent sont mal définies. Commençons donc par étudier les migrations de poissons dans leurs représentants les plus nombreux.

L'anguille fraie à la mer, et chaque printemps ses rejetons remontent aux embouchures de nos rivières de l'Océan et de la Méditerranée. Ils se présentent dans la Seine, l'Orne, la Loire, la Charente et la plupart des cours d'eau intermédiaires sous la forme de fils gélatineux, de la dimension d'une épingle noire, armés de deux yeux en saillie ; c'est par millions qu'il faudrait les compter, et l'affluence en est souvent telle que les eaux en sont obscurcies. Pour franchir les obstacles qui s'opposent à leur marche, ils s'entassent les uns sur les autres, ou même, sortant de l'eau, s'appliquent aux surfaces mouillées adjacentes, puis se poussent en rampant comme des vermisseaux. Si la quantité de ces animaux embryonnaires qui pénètrent dans un de nos grands fleuves arrivait tout entière à maturité, le lit où elle se meut ne suffirait point à la contenir ; mais telles sont les causes destructives multipliées autour de ce fretin, qu'il y a presque à s'étonner de la conservation de l'espèce. À peine condensés dans les courants d'eau douce, nos nuages d'*anguillettes* sont assaillis par des myriades d'ennemis : tous les poissons carnassiers ou non en sont avides, les oiseaux d'eau s'en gorgent, et l'homme se montre plus destructeur qu'eux tous ; on voit souvent, au moment de la montée, des chariots se diriger vers les fermés, chargés du fretin qui servira de pâture à la volaille, aux porcs, ou d'engrais aux terres. Pour pêcher des quantités indéfinies de ces embryons, il suffit alors de plonger sur leur passage des filets à la main, et ils s'emplissent comme des écumoires.

L'anguille ne se plaît pas dans les eaux vives : aussi, en remontant dans les fleuves, s'arrête-t-elle presque aussitôt qu'elle sent les courants, ordinairement amortis à l'approche de la mer, couler avec rapidité ; elle n'y poursuit du moins sa course que lorsque son instinct lui révèle le voisinage d'eaux tranquilles qu'elle sait promptement atteindre. C'est ainsi que dans le Rhône elle ne dépasse guère Avignon que pour pénétrer dans les canaux d'arrosage qui font du bassin de la Sorgue une petite Lombardie. Très multipliée, dans le bas du fleuve, elle est très rare dans le haut ; elle trouve sur les côtes de l'Océan des eaux qui lui conviennent davantage. De l'embouchure de la Vilaine à celle de la Gironde, elle s'établit en innombrables essaims dans les eaux saumâtres et marécageuses des vieilles alluvions de la Bretagne, du Poitou et de la Saintonge, elle en ferait autant dans les canaux de dessèchement des terres basses qui s'égouttent au nord du cap Grisnez par les chenaux de Calais, de l'Aa et de Dunkerque, si le système de construction des écluses lui en facilitait davantage l'accès ; elle entre dans les marais du golfe de Gascogne, mais elle n'y trouve personne pour la pêcher. Des eaux non moins propres à la recevoir sont disséminées sur d'autres points des côtes et dans l'intérieur du territoire ; elles formeraient, si elles, étaient réunies, d'immenses étendues, mais il n'y a point à regretter un morcellement qui facilite la distribution des produits. Dans le voisinage de la mer, l'empoissonnement se fait tout seul ; et les migrations alternatives de l'anguille de l'eau salée dans l'eau douce et de l'eau douce dans l'eau salée se prêtent à l'établissement d'un système d'exploitation dont les lagunes de Comacchio, sur l'Adriatique, offrent le plus parfait modèle [6] ; il ne faudrait pour l'importer chez nous que des constructions peu dispendieuses sur les émissaires des eaux peuplées d'anguilles, et peut-être la naturalisation de poissons destinés, comme l'aquadelle [7], à en alimenter de plus forts. L'ensemencement des eaux éloignées de la mer exige d'autres soins : les embryons qui s'accumulent au printemps dans les embouchures des rivières sont très vivaces dans leur faiblesse ; ils se conservent pendant plusieurs jours dans des mousses ou des herbes humides, sont transportables par les chemins de fer sur les points les plus reculés du territoire, et, remis dans l'eau, acquièrent rapidement la force et l'agilité nécessaires pour échapper à leurs ennemis. Avec un bon système d'expéditions, le millier d'anguillettes rendu à destination ne reviendrait pas en moyenne à plus d'un franc Aucun des poissons dont la chair vaut celle de l'anguille ne lui dispute le séjour des eaux stagnantes qu'elle recherche, aucun ne sait atteindre dans la vase et dans les fonds herbeux les larves et les insectes aquatiques dont elle se nourrit de préférence ; elle occupe par là entre les habitants des eaux une place qui ne serait pas remplie par d'autres, et il résulte de cet ensemble de faits que la production de cet excellent poisson peut être poussée très loin dans notre pays.

L'anguille ne se consomme guère en France que fraîche, mais il est ailleurs des pêcheries qui ne parviennent à placer les produits d'une saison qu'en les répartissant sur toute l'année, et en les exportant au loin. Telles sont sur l'Adriatique les pêcheries des lagunes de Comacchio, en Allemagne celles du Weser, de l'Elbe, de l'Oder. Les pêcheries allemandes alimentent un commerce de poisson fumé qui, après avoir approvisionné leur voisinage, atteint, dans les années d'abondance, jusqu'au bassin de la Méditerranée. Les causes de la richesse de ces fleuves et de la pauvreté des nôtres sont mal connues. Il ne paraît pas que dans l'Elbe ou l'Oder l'affluence du fretin soit plus grande que dans la Seine ou la Loire : pourquoi ces germes se développent-ils si mal chez nous ? C'est un secret qu'il faudrait apprendre de nos voisins d'outre-Rhin.

Tandis que l'anguille fraie dans la mer et grossit dans l'eau douce, l'alose fait l'inverse. On la trouve sur toutes nos côtes occidentales et dans tout le bassin de la Méditerranée. Longtemps cachée, comme le hareng, dans des retraites profondes, elle ne se rapproche de la côte que lorsqu'elle atteint une taille de 30 à 40 centimètres ; ses essaims se réunissent au printemps dans les anses voisines de l'embouchure des rivières. Ils entrent enfin, gonflés d'œufs et de laitances, dans les eaux douces, les remontent, et offrent au pêcheur la plus riche proie jusqu'au moment où, cédant au vœu de la nature, ils fraient, et ne conservent plus qu'une chair flasque et presque maladive. Beaucoup de pêcheurs, voyant les aloses descendre à la dérive comme des corps flottants, s'imaginent qu'elles meurent après avoir frayé : c'est une erreur, mais ils ont raison de retirer alors les filets tendus sur le passage du poisson quand il remontait. Le fretin, les *pucelles*, comme les appellent les pêcheurs, semblables à des paquets d'arêtes recouverts d'écailles, n'excitent non plus, en allant à la mer, aucune convoitise. L'alose fraie à une distance d'environ 300 kilomètres de la mer. Voilà pourquoi sa valeur ne se maintient que dans de certaines limites et se perd tout à fait quand elle les dépasse, Blois sur la Loire, Valence sur le Rhône, sont les termes au-delà desquels elle se déprécie de plus en plus.

En Russie, notamment sur le Volga, l'alose est tellement abondante, qu'on ne peut tirer parti du produit de la pêche si l'on n'en sale la plus grande partie, et cette préparation est une des plus recherchées d'un pays où l'art des salaisons est poussé très loin. Le poisson frais trouve chez nous dans la densité des populations urbaines réparties le long des fleuves un débouché immédiat assez étendu pour nous dispenser d'emprunter à la Russie ses moyens de conservation artificielle ; mais il ressort des observations de Pallas que l'alose de la Mer-Caspienne est beaucoup meilleure et beaucoup plus forte que la nôtre. Si la supériorité de cette variété n'est pas inhérente à des causes purement locales, il y aurait un avantage marqué à la transporter aux embouchures de nos fleuves.

Rien n'est plus fait pour exciter notre gratitude envers la Providence que les migrations de poissons qui, comme l'alose, grossissent à la mer et n'entrent dans les rivières que pour se mieux mettre à la portée de l'homme. Tels seraient des troupeaux qui, s'enfonçant chaque année dans des pâturages inconnus, nous livreraient gratuitement au retour la chair dont ils s'y seraient chargés. De toutes les espèces vouées à ces heureuses alternatives de séjour dans les eaux salées et dans les eaux douces, la plus précieuse est sans contredit le saumon. Ce roi des fleuves partage presque également son temps entre les unes et les autres, et, réunissant les dons de l'abondance à ceux de la délicatesse, il rapporte en moyenne de ses campagnes en mer environ 3 kilogrammes de la chair la plus succulente. Non content d'emprunter à la mer tout ce qu'il donne à la terre, il ne dispute guère dans l'eau douce la nourriture aux autres poissons ; il y rentre saturé, s'y maintient sans grossir en vertu du privilège qu'ont les poissons de supporter de longues abstinences, et la saison qu'il y passe est pour lui celle de la sobriété. Une existence si généreuse et si désintéressée, se donnant sans réserve et sans rien recevoir en échange, n'est pas le problème le moins curieux qu'offre l'histoire naturelle des poissons. Il est probablement des retraites où, par compensation le saumon prend tout et ne donne rien ? il ne saurait nous gratifier que de ce qu'il enlève à d'autres ; mais de quelle pâture sous-marine forme-t-il ainsi sa propre substance ? Trouve-t-il dans les gouffres de l'Océan des végétaux appropriés à sa nature, ou bien leur dérobe-t-il une proie vivante comme lui ? A la force de ses mâchoires, au nombre et à la dureté de ses dents, aux exigences d'estomac communs à toutes les salmonées, à sa croissance enfin, il est difficile de voir en lui autre chose qu'un piscivore dont les appétits surexcités dans l'eau salée sommeillent dans l'eau douce. Quels sont alors les troupeaux marins dont il se repaît ? Les naturalistes seront longtemps réduits sur ce point à des conjectures plus ou moins plausibles. On dirait que, jaloux de nous dérober le secret de ses richesses sous-marines, le saumon plonge en atteignant les eaux salées dans leurs profondeurs, et ne se remontre à la surface qu'au moment de rentrer dans les eaux douces. Le hareng s'éclipse et reparaît de même ; on tient aujourd'hui pour constant qu'après avoir promené l'abondance de la Mer du Nord à la Manche ; les bancs de harengs, au lieu de se réfugier sous les glaces du pôle, descendent à des profondeurs impénétrables et que leurs migrations, s'il est permis de parler ainsi, sont plutôt verticales qu'horizontales. S'il n'est pas prouvé que les saumons les y suivent pour grossir à leurs dépens, il est au moins remarquable que les disparitions et les réapparitions des deux espèces coïncident à peu près, et que l'abondance du saumon croisse à mesure qu'on se rapproche des régions septentrionales dont le hareng fait sa demeure de prédilection. Le fond des rivières de la Norvège et même de quelques-unes de celles de l'Ecosse semble parfois à la lettre pavé de saumons ; or ces rivières sont voisines des bancs de harengs les plus serrés : les bandes de saumons et celles de harengs s'éclaircissent également à mesure qu'on se rapproche du midi, et le saumon est inconnu dans les affluents de la Méditerranée, où le genre *clupée* est beaucoup moins nombreux que dans l'Océan. Si les efforts ingénieux que l'on fait aujourd'hui pour naturaliser le saumon dans les affluents du Rhône n'étaient point couronnés de succès, ce fait viendrait à l'appui de nos conjectures. La certitude que la pâture offerte par le hareng est l'élément des récoltes que nous rapporte le saumon entraînerait deux conséquences importantes : la multiplication du hareng étant pour ainsi dire indéfinie, des assertions réputées incroyables sur l'ancienne affluence du saumon dans nombre de rivières de France seraient pleinement justifiées, et la possibilité du retour à cet état de choses ne serait plus l'objet d'un doute : il serait démontré que l'épuisement de nos rivières ne vient pas de la mer, mais de notre incurie, et qu'il n'est par conséquent pas irrémédiable.

La pêche du saumon constitue une des principales richesses naturelles du Royaume-Uni ; aussi y a-t-elle été l'objet constant des soins des propriétaires des cours d'eau et de l'attention du gouvernement. Les enquêtes anglaises sont généralement faites, avec une intelligence et un à-propos également profitables, aux intéressés, qu'elles éclairent sur les dangers ou les avantages de leur position, et à l'autorité, qui doit en tirer les conséquences légales : aussi a-t-on l'habitude d'y vaquer avant les mesures à prendre, et non pas, comme dans d'autres pays, après les mesures prises. En 1824, la chambre des communes a ordonné une enquête sur la pêche du saumon, et il en est ressorti des lumières tout à fait inattendues sur les moyens d'assurer la multiplication de ce poisson. Les détails instructifs passés en revue par les commissaires de l'enquête ont mis en relief trois faits dominants. Il a été constaté que le saumon remonte les rivières pour frayer ; c'est près de leurs sources qu'il dépose et féconde ses œufs : chaque femelle porte environ six mille œufs. Les éclosions ont lieu une centaine de jours après la ponte. De là viennent, aux approches du printemps, ces myriades de petits saumoneaux [8] qui, après un séjour de quelques semaines, disparaissent ensemble, sans que les riverains en sachent toujours l'origine et la destination. En second lieu, le saumon est d'une remarquable fidélité aux lieux de sa naissance ; on s'en est convaincu en Ecosse par des expériences réitérées : on a vu des saumons, marqués, à l'emporte-pièce dans les nageoires, revenir avec constance à leur point de départ, et montrer ainsi qu'en ensemençant le haut d'une rivière, on assure le peuplement de tout son cours. Enfin le saumon est doué d'une force musculaire très grande, il remonte les courants les plus rapides, franchit même en s'élançant des obstacles verticaux ; mais cette force a des limites, et quand les constructions hydrauliques placées en travers des cours d'eau ne sont pas mises à sa portée, elles en excluent complètement ce poisson.

On a prouvé en Angleterre ce qui n'était qu'entrevu chez nous ; mais, pour tirer les conséquences des trois points admis, revenons aux pêcheries de la France, si riches autrefois, aujourd'hui si stériles. Nous ayons tous entendu raconter qu'en Ecosse les domestiques stipulent dans leurs contrats de louage les jours de la semaine où ils seront dispensés de manger du saumon. Je n'ai lu aucun de ces contrats ; mais à la quantité de saumons dont les tables sont assaillies dans le nord de l'Angleterre, on comprend fort bien que des garanties soient réclamées contre ce genre d'oppression. Le dicton écossais se retrouve sous forme de vieille souvenance dans les bassins de la Vienne et de la Creuse, où un saumon est maintenant une curiosité. Partout où la pêche est encore pratiquée, on se plaint d'un appauvrissement progressif, et, si j'ose me citer moi-même, je n'ai mémoire ni d'avoir côtoyé un cours d'eau à saumons sans en interroger les riverains, ni d'avoir reçu d'eux d'autre réponse que la comparaison de leur pénurie avec l'abondance dont jouissaient leurs pères. Pour n'évoquer qu'un fait officiel, les pêcheries de saumons de la Bretagne étaient affermées avant 1789 par les états de la province sur le pied de 200,000 fr., équivalant à bien près d'une somme double de nos jours, et toute la pêche des rivières navigables et flottables de France était, en 1859, affermée au prix de 594,953 francs !

Comment s'est amoindrie une richesse que tout le monde avait intérêt à développer ? Demandez plutôt comment, sans cesse attaquée à sa source et dans son épanouissement, il en reste encore quelque chose.

Plus le saumon se rapproche pour frayer des sources des rivières, plus la rareté croissante des eaux facilite le succès des pièges qu'on lui tend, et comme ces eaux ne sont ni navigables ni flottables, il y est sans aucune protection à la discrétion des riverains. Il fraie cependant, et ces passages périlleux se remplissent de petits saumoneaux. Si ces jeunes poissons regagnaient librement la mer, ils en reviendraient grossis, fortifiés, et l'empoissonnement futur de la rivière maternelle serait assuré ; mais le moment où la pépinière devrait être protégée, par la plus extrême sollicitude est précisément choisi pour la dévaster sans merci. Le poisson qui vient d'éclore est en butte à une guerre acharnée, impitoyable ; tout le monde s'y met ; hommes, femmes, enfants, semblent se disputer des prix de destruction : on ne se contente pas de barrer de distance en distance les ruisseaux avec des filets à mailles étroites ; on y jette de la coque, de la chaux, qui empoisonnent les eaux ; ce n'est plus aux individus, c'est à l'espèce même qu'on en veut. Ce spectacle est celui qu'offrent à chaque printemps le lit de la Loire dans le voisinage du Puy et celui de l'Allier en amont de Brioude. Grâce à l'amélioration des communications, tout le produit de ce gaspillage est aujourd'hui consommé par des hommes ; mais le temps n'est pas fort éloigné où, quand les hommes étaient repus, le surplus du poisson revenait aux pourceaux.

La Bretagne est pour la pêche du saumon la province de France la plus favorisée par la nature, et le Trieux, à l'embouchure duquel Vauban voulait faire un des grands établissements militaires de la Manche, est avec son affluent le Ley le cours d'eau de la Bretagne qui attire le plus ce poisson. Les petits saumoneaux y affluent à l'approche du printemps ; mais, arrêtés aux barrages des moulins, ils y sont détruits par myriades. On sale et l'on embarille ce que rejette la capacité de consommation du voisinage. Le commissariat de la marine a fait ouvrir des passages dans les barrages qu'atteint le flot de mars ; par malheur, il a été impuissant sur ceux qui sont au-dessus, et les ateliers de destruction n'ont fait que changer de place. Les dévastations qui se commettent sur la Loire et sur le Trieux se reproduisent dans toutes les situations analogues : les lieux diffèrent, mais non les procédés. Les sauvages se contentent de couper l'arbre pour en avoir le fruit ; c'est chez nous l'arbre en fleur qu'on arrache.

Le saumon adulte n'est pas beaucoup mieux traité que le fretin. Il est, quand il remonte les rivières, le meilleur poisson qui se pêche en eau douce, et quand il les descend après le frai, l'un des plus mauvais ; mais, dans l'un et dans l'autre état, la liberté de circulation est une nécessité de son existence, et cette liberté n'en est pas moins entravée par ceux qui devraient en être les protecteurs. Soit qu'il remonte pour frayer dans les eaux vives des montagnes, soit que, dolent et amaigri, il aille reprendre dans la mer des forces et des chairs nouvelles, il lui faut des passages libres, et il ne trouve que des routes obstruées par des barrages hermétiquement fermés. Tous les cours d'eau se ressemblent sous ce rapport : la même indifférence pour l'aménagement de la pêche règne sur les plus grands comme sur les plus petits ; on ignore s'il n'y aurait pas à cet égard quelque intérêt à réserver, et l'administration, qu'elle exerce son droit de règlement sur les constructions hydrauliques privées ou qu'elle en élève elle-même pour des services publics, se montre également oublieuse d'une branche de la richesse sociale, dont les principaux produits appartiennent pourtant à l'état. Des exemples trop significatifs de cette négligence universelle sont ce qu'il y a de moins difficile à trouver.

La Risle était autrefois l'affluent de la Seine où le saumon était le plus abondant ; il en est aujourd'hui complètement exclu par le grand barrage écluse de Pont-Audemer. Des bandes de ces poissons d'assez petite taille viennent tous les quatre ou cinq ans protester tumultueusement aux portes de l'écluse contre cet attentat au droit d'aller et de venir ; elles laissent bon nombre des leurs aux mains des pêcheurs qu'attire le bruit de leur émeute, puis elles disparaissent pour revenir sans doute quand il s'est formé des générations nouvelles chez qui le souvenir du danger à courir n'existe plus. M. de Lacépède s'est demandé si les saumons qui se présentent à Pont-Audemer ne constitueraient pas une espèce particulière d'une taille d'environ un pied : il est plus probable que ce sont des animaux entraînés par l'inexpérience de la jeunesse, et qui, trompés une fois, ne retombent pas dans le piège. Les traits d'un pareil instinct ne sont point rares chez les poissons, et ce n'est pas sans les avoir étudiés qu'un grand poète a dit :

… Credo quia sit divinitus illis

Ingenium.

M. Valenciennes, dans son exploration des côtes de Bretagne, a observé sur le Blavet, plus récemment rendu navigable au moyen de barrages, l'effet qu'on avait vu se reproduire sur la Risle ; le saumon a aussi déserté la rivière, tant la mémoire et l'instinct l'avertissent avec sûreté des obstacles et des dangers de sa route. Il a été chassé du Gouet par les usines étagées sous les yeux des préfets des Côtes-du-Nord. Il est assurément très louable de fabriquer des sabres et des fusils pour mettre à la raison les ennemis de la France ; mais il n'est pas indispensable d'ôter pour cela le morceau de la bouche à des compatriotes. C'est pourtant ce qu'on a fait dans l'établissement sur la Vienne du barrage de la manufacture d'armes de Chatellerault. Le saumon a été ainsi supprimé d'un seul coup dans les départements de la Vienne, de la Haute-Vienne, et dans celui de la Creuse, dont il était autrefois la fortune.

Le vaste bassin du Rhin n'est guère mieux traité que celui de la

Vienne ; mais ici le profit n'est pas perdu pour tout le monde, et la pénurie de ce bassin est l'effet du degré de perfection auquel arrivent les pêcheries hollandaises : elles interceptent si bien les passages de la Meuse, du Rhin, du Leck, de l'Yssel, qu'à peine leur échappe-t-il le nombre de saumons strictement nécessaire pour repeupler le fleuve par leur frai. La différence entre le passé et le présent est facile à constater. Ausone trouvait le saumon en abondance dans la Moselle. Fortunat, qui écrivait au VIe siècle, célèbre les moissons de la plaine et les pampres des coteaux d'Andernach ; mais il met fort au-dessus les pêcheries adjacentes, et il montre le roi Sigebert dirigeant du haut des tours de son château la manœuvre de filets chargés de saumons. J'ai récemment voulue sur son témoignage et sur d'autres moins anciens, vérifier à Andernach quelques faits relatifs à la pêche du saumon ; elle y est presque aussi oubliée que les rois d'Austrasie. Les pêcheries célèbres de Saint-Goar, séparées par une île et exploitées au profit, l'une du roi de Prusse, l'autre du duc de Nassau, sont en pleine décadence. La partie française du bassin de la Moselle n'est plus visitée par les saumons ; mais, par une singularité dont les causes devraient être éclaircies, ils vont frayer, dans la Sure, petite rivière du Luxembourg. Les Hollandais gagneraient peut-être beaucoup à tolérer des montées de saumons suffisantes pour peupler et le Rhin et ses, affluents. L'exagération de leur système tend à la suppression, des frayères, et par conséquent à l'appauvrissement des eaux qu'ils exploitent. La générosité leur serait pourtant plus fructueuse que la jalousie. Si leur esprit de calcul les amenait à cette conclusion, il suffirait d'organiser les éclosions artificielles dans les ruisseaux des Vosges, pour rétablir le saumon dans tout le cours de la Moselle ; nos soins profiteraient à d'anciens compatriotes : ce ne serait pas un grand mal.

Ce qui serait bon sur des rivières moitié françaises, moitié étrangères, le serait à plus forte raison sur des rivières dont le cours appartient tout entier à notre territoire. La raison d'être des ateliers d'éclosion est leur aptitude à fournir des éléments d'empoissonnement aux eaux, mal pourvues, et l'avantage en est complété par la force instinctive qui ramène périodiquement le saumon aux lieux de sa naissance. Il y a toutefois quelque chose de plus urgent que d'importer le saumon dans des eaux auxquelles il est étranger : c'est d'en arrêter la destruction dans celles où il est établi.

Le premier pas à faire dans une voie meilleure est l'interdiction absolue de la pêche du saumoneau ; il n'en faut pas davantage pour substituer immédiatement l'abondance à la pauvreté. Des interdictions analogues sont prononcées avec beaucoup moins de raison par les règlements sur la pêche côtière, par la loi sur la chasse. Le parlement d'Angleterre, non moins chatouilleux, sur les restrictions à la liberté des citoyens que notre corps législatif, a défendu, par un acte de 1825, la pêche du saumon pendant une partie de l'année. Les exemples ne manqueraient donc pas plus que les raisons pour obtenir de la législature les mesures de police que l'administration ne se croirait pas aujourd'hui suffisamment autorisée à prendre.

Parmi les autres poissons de mer qui remontent au loin les eaux douces, citons seulement la sole et la plie à cause des observations utiles dont elles peuvent être l'objet. Larges et plates, elles ne se plaisent que sur des fonds de sable. Leur conformation leur interdit le séjour des rivières dont le lit est fangeux ou rocailleux. Alexandre de Humboldt et M. Valenciennes, voyageant ensemble en 1818, furent surpris de se voir servir à Coblentz des soles fraîches, et leur étonnement s'accrut lorsque allant, à la manière d'Aristote, chercher des sujets d'observation sur la place du marché, ils la virent couverte de soles. Ils apprirent qu'on était au moment d'une grande remontée de ces habitantes de la Mer du Nord. La sole ne s'arrête pas à Coblentz : on en pêche, mais non tous les ans, dans la Lahn. — L'autre exemple n'a pas eu d'aussi illustres témoins. La plie remonte la Loire tant que le lit en est sablonneux ; elle s'arrête au soulèvement de roches porphyriques qui sépare la plaine de Roanne de celle du Forez. Alléon-Dulac, à qui l'on manque rarement de recourir quand on étudie cette région, remarque, comme une singularité fort digne d'attention, que ce n'est qu'en 1770 que la plie y a fait sa première apparition. Depuis cette époque, elle n'a pas cessé de s'y montrer. — La mer est à 380 kilomètres de Coblentz, à 710 de Roanne. L'intermittence des migrations de la sole et la récente régularité de celles de la plie à de pareilles distances de la mer indiquent qu'il est permis d'espérer quelque chose de l'application des procédés de la pisciculture à l'introduction des poissons de mer dans l'eau douce.

Les recherches sur les migrations des poissons doivent être quelque chose de plus qu'une étude pleine d'attrait pour le naturaliste : elles se recommandent aussi par les résultats économiques qu'elles promettent. Ne fît-on qu'interdire la pêche de certains poissons aux époques de l'année où elle en arrête la reproduction, ou, mieux encore, interdire, s'il le fallait, pour plusieurs années toute espèce de pêche dans des eaux qu'il s'agirait de repeupler, un grand bien se réaliserait.

Le rétablissement de la viabilité des eaux que parcourt le poisson de la mer à leurs sources n'est pas d'une moindre importance ; il résulterait d'une règle qui ne serait ni équivoque, ni compliquée : on prescrirait que tout barrage établi sur une eau courante fût pourvu de couloirs ou de degrés par lesquels le poisson pût le franchir. Cette pratique observée dans le Royaume-Uni a plus d'une fois déterminé l'empoissonnement immédiat de rivières dont l'accès était fermé par des chutes naturelles. Malgré sa préférence pour les eaux connues, l'instinct inquisiteur du saumon lui fait bientôt découvrir les nouvelles extensions de son domaine. M. Coste a recueilli en Irlande un exemple frappant de l'efficacité de ce procédé. « Près de Sligo, dit-il, trois petites rivières, l'Arnou, la Collanes et le Colaney, se réunissent sur un même point et se précipitent à pic dans la mer d'une hauteur de plus de vingt pieds. Toute communication entre la mer et les rivières étant impossible pour le poisson, ces rivières se trouvaient privées de saumons. Un propriétaire, M. Cooper, de Markrec-Castle, eut l'idée d'établir à côté de ce petit Niagara une échelle à saumons, et son essai réussit au-delà de ses espérances. Dès la première année, on vit quelques saumons remonter l'échelle ; l'année suivante, on en compta jusqu'à quatre cents, et la troisième année, en 1857, un fermier demanda à louer la pêche du saumon 500 livres sterling. » Peut-être existe-t-il d'autres moyens moins directs d'appeler le poisson de mer dans les eaux douces. La nature nous montre quelquefois un coin de ses secrets comme pour nous encourager à découvrir le reste. M. Emile Martin, fort connu par les progrès que lui doivent les arts métallurgiques, est un observateur d'une sagacité peu commune. Se trouvant aux forges de Sireuil-sur-Charente, entre Angoulême et Cognac, il vit ses ouvriers vivre presque exclusivement de poisson, et apprit que chaque printemps en ramenait pour eux l'abondance : ceux qui profitaient le plus de ces migrations chroniques cherchaient, sans y réussir, à en pénétrer les causes. M. Emile Martin, à qui l'on a rarement proposé un problème sans en obtenir la solution, reconnut bien vite que les poissons remontaient la Charente à la suite de myriades de petits crabes dont ils faisaient leur proie ; malheureusement il ne poussa pas plus loin son investigation. Les crabes attiraient le poisson ; mais par quoi les crabes eux-mêmes étaient-ils attirés ? — Il ne fallait pour le savoir qu'un peu de persévérance. Les poissons et les crabes ne procèdent pas comme nous autres hommes : quand ils se mettent en route, ce n'est jamais sans une bonne raison de le faire, et les crabes qui passaient devant Sireuil flairaient infailliblement dans le haut de la rivière quelque pâture cachée. Il est pénible d'avouer que les crabes savent des choses que nous ignorons ; mais nous avons de plus qu'eux le don d'apprendre, et il nous conduira, quand nous voudrons, vers les appâts qui déterminent leurs voyages. Cette conquête de leur secret recevrait bientôt sa récompense : en semant aux sources des rivières les substances qui allèchent directement ou indirectement le poisson, nous lui ferions promener l'abondance sur toute l'étendue de leurs rivages.

Les causes et les procédés des migrations des poissons sont une des branches de l'histoire naturelle où il reste le plus de découvertes à faire, et à considérer cette question dans ses rapports avec les besoins de l'homme, il n'en est pas de plus digne d'être étudiée. Si longue que soit pourtant la tâche à remplir, nous en savons dès à présent assez pour reconnaître l'étendue du mal effectif, pour en arrêter le progrès et pour regagner promptement tout le terrain perdu : il ne s'agit que de vouloir.

## III. — ACCLIMATATION DU POISSON ET STABULATION.

Un temps viendra sans doute où la pisciculture aura des fantaisies comme en a l'horticulture. Pour le moment, sa mission doit bien moins être de rechercher des curiosités que de multiplier ce qui est reconnu bon : elle peut, on vient de le voir, en accomplir la meilleure partie sans sortir de nos frontières ; mais cela ne veut pas dire qu'elle n'ait rien à tirer des contrées lointaines. Les eaux de l'Europe ont à envier à celles de l'Amérique du Nord et de l'Asie des espèces plus riches en propriétés alimentaires que la plupart des nôtres. La supériorité de ces espèces consiste surtout en ce qu'elles sont herbivores. Nous avons un nombre suffisant de poissons carnassiers, et les loups fussent-ils bons à manger, personne ne voudrait les naturaliser de préférence aux moutons. Ce que gagnerait immédiatement l'alimentation publique à l'acquisition de poissons transformant directement les végétaux en une excellente nourriture animale est facile à calculer, et de plus l'avantage obtenu pourrait s'étendre beaucoup. La matière animale nécessaire aux piscivores est lente et coûteuse à augmenter ; la matière végétale au contraire se développe suivant une progression dont les perfectionnements de la culture et l'élargissement des surfaces cultivées reculent sans cesse le terme. La base la plus féconde à donner dans notre pays à la multiplication du poisson serait donc le remplacement de nos mauvaises espèces herbivores par de bonnes. Ces espèces désirables existent dans le nord de l'Amérique, et elles sont en Chine l'objet d'une culture étendue : ce sont les seules qu'il faille rechercher ; les herbivores des autres parties du monde paraissent ne l'emporter en rien sur les nôtres.

On trouve dans les eaux du Canada des poissons aussi nombreux que variés. Parmi ceux qui se nourrissent de végétaux, le meilleur est le corégon blanc : il se rapproche du saumon par les formes extérieures et le volume ; il habite les lacs de préférence aux rivières et se plairait infailliblement dans les lacs de Genève, du Bourget et d'Annecy. Il irait bien à la Savoie rentrée dans la famille française d'enrichir de ces nouveaux habitants les eaux fraîches et profondes dans lesquelles se mirent ses montagnes.

Abstraction faite des régions polaires, la Chine est le pays du monde où le poisson entre pour la part proportionnelle la plus considérable dans l'alimentation de l'homme. L'immensité des besoins de la population chinoise et l'abondance des eaux qui baignent le Céleste-Empire ont déterminé un mode d'exploitation méthodique qui mérite d'être décrit. Nous n'avons pas à nous égarer en nous confiant à l'expérience des Chinois ; d'impérieuses nécessités leur ont appris depuis plusieurs siècles à éliminer le médiocre et à prendre le *maximum* des produits où il se trouve. Un missionnaire qui a fait un long séjour dans le Céleste-Empire, l'abbé

Huc, a donné sur l'aménagement des pêcheries chinoises des détails qui, tout en laissant beaucoup à désirer pour les applications à faire en Europe, sont pleins d'un véritable intérêt. « Voici, dit-il, ce qui se pratique dans la province de Kiang-si [9] : vers le commencement du printemps, un grand nombre de marchands de frai de poisson, venus de la province de Canton, parcourent les campagnes pour vendre la semence aux propriétaires d'étangs. Leur marchandise, renfermée dans des tonneaux qu'ils traînent, est une sorte de liquide gras, jaunâtre, assez semblable à de la vase. Il est impossible d'y distinguer à l'œil le moindre animalcule. Pour quelques sapèques, on achète plein une écuelle de cette eau bourbeuse, qui suffit pour ensemencer un étang assez considérable : on jette cette vase dans l'eau et en quelques jours les poissons éclosent à foison. Quand ils sont devenus un peu gros, on les nourrit en jetant à la surface de l'eau des herbes tendres et hachées menu ; on augmente la ration à mesure qu'ils grossissent. Le développement de ces poissons s'opère avec une rapidité incroyable. Un mois tout au plus après leur éclosion, ils sont déjà pleins de force, et c'est le moment de leur donner de la pâture en abondance. Matin et soir, les propriétaires de viviers font faucher les champs et apportent à leurs poissons d'énormes charges d'herbes. Les poissons montent à la surface de l'eau, et se précipitent avec avidité sur cette herbe, qu'ils dévorent en folâtrant et en faisant entendre un bruissement perpétuel : on dirait un grand troupeau de lapins aquatiques. La voracité de ces poissons ne peut être comparée qu'à celle des vers à soie, quand ils sont sur le point de filer leur cocon. Après avoir été nourris de cette manière pendant une quinzaine de jours, ils atteignent ordinairement le poids de deux ou trois livres, puis ne grossissent plus. Alors on les pêche, et on va les vendre tout vivants dans les grands centres de population. Les pisciculteurs du Kiang-si élèvent uniquement cette espèce de poissons, qui est d'un goût exquis [10]. »

Voilà bien la pisciculture complète depuis l'ensemencement des eaux jusqu'à la récolte, et les procédés d'éclosion artificielle rangés en Chine parmi les pratiques les plus vulgaires. Ce récit ouvre des perspectives séduisantes, mais un peu vagues. L'abbé Huc m'a permis de lui faire beaucoup de questions sur les formes des poissons du Kiang-si, sur les fourrages dont on les nourrit : il a ingénument répondu qu'étranger à l'étude des sciences physiques, il avait vu, sans leur donner l'attention qu'elles méritaient, beaucoup de choses qu'un naturaliste eût éclaircies ; mais il est resté très affirmatif sur la partie économique de ses souvenirs. Ce serait une conquête inestimable que celle d'un poisson dont la rapide croissance permettrait d'en faire plusieurs éducations successives dans l'année, et puisse l'œuvre signalée par nos missionnaires en soutane être accomplie par nos missionnaires en armes ! Ne vendant point d'opium en Chine, nous n'y sommes pas en position de négliger les petits profits.

Produire le bon et le mettre à la portée du grand nombre est un double succès peu commun dans le monde, et la vulgarité des poissons observés par l'abbé Huc n'est pas le moindre de leurs mérites ; ils ne sont pourtant pas les seuls, que nous ayons à demander à l'Asie. Il y a une centaine d'années que Commerson, celui de tous les voyageurs du XVIIIe siècle qui a le plus enrichi les sciences naturelles, le même qui rapporta l'hortensia de Chine en Europe, signala, sous le nom usuel de *gourami* et sous le nom scientifique d'*osphromenus olfax* [11], un poisson de grandes dimensions, large, épais, et d'une chair exceptionnellement savoureuse ; il le mettait à cet égard au-dessus de tous les poissons connus : *Nihil inter pisces tum marinos, tum fluviatiles*, dit-il dans ses notes, *unquam exquisitius degustavi*. On a plusieurs fois écrit sur ouï-dire que, dans les grands fleuves de la Chine, le gourami atteint une longueur de 1m80 : ce ne serait pas un grand avantage, et il suffit de la certitude que, dans les pays où il a été transporté, il paraît communément sur les marchés avec un poids de 6 à 8 kilogrammes.

MM. Cuvier et Valenciennes, dans leurs études anatomiques sur le gourami, ont montré que tout l'appareil alimentaire était celui d'un animal exclusivement nourri de végétaux ; les dissections qui ont été faites d'individus vivant en liberté n'ont jamais tiré de l'estomac et des intestins que des herbes. Enfin, comme si ces preuves ne suffisaient pas, Commerson rapporte que, par adoption d'un usage très répandu en Chine, les Hollandais élèvent ces poissons à Java dans de grands baquets en terre cuite, dont l'eau se renouvelle chaque jour, et il nomme les herbes dont on les alimente. Le gourami peut donc être réduit à un véritable état de stabulation, j'ai presque dit de domesticité.

Ce poisson, transporté par les Hollandais de la Chine à Java, y est devenu très commun. Il fut retrouvé par Commerson à l'Ile-de-France, où il était l'objet des soins particuliers de M. de Céré, le créateur du célèbre jardin d'acclimatation de la colonie [12]. Reçu comme une de ces acquisitions précieuses dont la conservation ne saurait se payer trop cher, on lui avait construit des viviers, et l'on prenait pour l'y retenir toute sorte de précautions ingénieuses ; mais un jour, on fut étrangement surpris d'en trouver garnis plusieurs des cours d'eau de l'île : quelques gouramis fugitifs avaient opéré ce prodige sur une échelle d'autant plus large que les individus se reproduisent quelques semaines après leur naissance.

Un poisson recommandable à tant de titres ne pouvait pas être négligé par le bailli de Suffren, gourmand, et ce n'est pas peu dire, entre tous les officiers de la flotte. Non moins grand homme de table que grand homme de mer, il estimait la conquête du gourami à l'égal de celle d'une province, et fit faire, vainement, hélas ! pendant son commandement dans l'Inde, sept envois de gouramis vivants en France. Lui-même voulut en ramener en 1783, pour les offrir au roi ; mais cette précieuse cargaison ne passa pas le cap de Bonne-Espérance, et il ne rapporta qu'un plan d'acclimatation qui consistait à échelonner de petites colonies de gouramis dans les eaux des côtes d'Afrique et d'Amérique, d'un côté jusqu'à la Méditerranée, de l'autre jusqu'aux Antilles. La révolution vint bientôt ruiner ce projet.

En 1819, le capitaine de vaisseau Philibert se chargea d'introduire le gourami dans les Antilles françaises : il en embarqua cent à l'Ile-de-France, en perdit vingt-trois en route, et versa le complément dans les eaux de la Martinique. Les compte-rendus de l'opération en attestent le succès. Il est pourtant certain que le gourami n'existe plus à la Martinique ni à la Guadeloupe ; il en a disparu silencieusement, au bout d'une quinzaine d'années, sans qu'on ait, que je sache, étudié les causes et les circonstances de cette extinction locale de l'espèce.

Les Anglais ont fait tout récemment, en 1860, une tentative pour transporter en Australie le gourami, que nous installions, il y a près d'un siècle, dans notre ancienne Ile-de-France. Médiocres physiciens, les acclimatateurs anglais avaient compté sur l'eau distillée pour le renouvellement de l'eau naturelle où Ils avaient placé leur poisson au départ : à peine immergés dans ce liquide, les gouramis sont tombés asphyxiés. Un échec reçu dans de telles conditions n'est assurément fait pour décourager personne, et la persévérance britannique n'a besoin pour le réparer que de se ressembler à elle-même. La tentative d'acclimatation du bailli de Suffren serait aujourd'hui reprise avec bien plus d'avantage. Depuis Suffren, la navigation s'est affranchie des caprices des vents ; les procédés de conservation de l'eau, douce ont changé, et l'expérience a enseigné des précautions autrefois négligées [13]. Un seul point reste douteux : on se demande dans quelle mesure le gourami s'accommoderait de notre climat. Cuvier avait examiné cette question, et il déclarait au Collège de France que si elle pouvait être résolue par des analogies, elle le serait affirmativement. En effet, dans la plus grande partie de la Chine, la température s'élève l'été fort au-dessus et descend l'hiver fort au-dessous de celle de la France : il n'est pas probable qu'un poisson qui supporte ces extrêmes du chaud et du froid ne s'arrête pas volontiers dans une température moyenne qu'il traverse deux fois l'an aux lieux de son origine, et s'il a si bien réussi dans des colonies des Indes orientales où il ne gèle jamais, c'est un motif d'espérer qu'il en ferait autant dans les eaux de la Provence, du Languedoc, de l'Algérie, et à plus forte raison de la Guyane, dont l'étendue, est le quart de celle de la France. Il sera temps de désespérer de l'acclimatation du gourami dans les Antilles quand on saura ce qui l'a empêché d'y réussir.

Des faits physiques considérables et des résultats économiques séculaires sont propres à donner à la métropole et aux colonies confiance dans ces entreprises de naturalisation de poissons exotiques. Les extrêmes de la température sous des ciels différents sont beaucoup moins prononcés dans l'eau que dans l'air, et, par cette raison aussi bien, que par sa constitution propre, le poisson est de tous les animaux celui qu'affectent le moins les changements de climat. La carpe apportée de Perse en Italie par la conquête romaine s'est propagée dans toute l'Europe centrale ; elle a paru pour la première fois en 1720 sur les marchés de Saint-Pétersbourg, et elle s'acclimate parfaitement de nos jours en Suède et en Norvège ; son établissement dans l'ancien monde embrasse ainsi un arc de 40 degrés de longitude, comprenant les températures les plus diverses. Il ne s'agit pas de faire aujourd'hui des choses plus difficiles, et nos moyens d'action sont bien plus puissants que ceux de nos devanciers. Des conquêtes aussi peu coûteuses, aussi peu bruyantes que des acquisitions de nouvelles espèces de poissons ne sont peut-être pas faites pour tenter des esprits qui recherchent l'éclat ; mais elles semblent être le lot de nos sociétés d'acclimatation. Ces sociétés ont le caractère de stabilité qui est la condition de la persévérance ; elles étendent au loin leurs ramifications ; elles attirent, avec un zèle que ne couronne pas toujours le succès, des plantes, des mammifères, des oiseaux, même des insectes, sur notre territoire ; qu'elles veuillent bien regarder aux poissons, et bientôt nos eaux d'Europe, aussi bien que celles de nos colonies, s'enrichiront d'espèces supérieures à celles qu'elles possèdent.

Nous venons de voir le poisson nourri chez les Chinois comme le sont les troupeaux dans nos fermes, et amené dans les colonies hollandaises à la condition de l'oiseau en cage. Ces exemples n'ont rien qui doive nous étonner ; qu'est-ce qu'un vivier, si ce n'est une étable à poissons ? Nos ateliers d'Huningue n'attendent pour féconder au loin nos eaux intérieures qu'un régime administratif de la pêche un peu moins exclusif des améliorations. Aujourd'hui même le pêcheur breton Guilhou élève, je devrais dire apprivoise, des turbots dans son établissement de Concarneau. Chacun est maître d'en faire autant chez soi, et ces poissons rouges que tant d'honnêtes gens entretiennent pour le seul plaisir des yeux dans des bocaux de cristal ne témoignent-ils pas que des hôtes plus utiles pourraient les remplacer ? Nous sommes pressés de tous côtés par les indications de ce que deviendrait facilement en France l'éducation du poisson ; mais nous ne passons qu'avec lenteur et timidité de la conception à la pratique : il nous faut l'exemple de l'étranger pour nous donner confiance dans les procédés éclos au milieu de nous, heureux quand un échec causé par l'ignorance ou l'inattention seule ne vient pas nous décourager. Il en sera de la stabulation du poisson comme de tant d'autres choses qui, d'abord dédaignées partout, sont partout devenues familières ; on commencera par lui reprocher de ne pas réussir sans art et sans précautions, de ne pas convenir par exemple aux espèces voyageuses aussi bien qu'aux espèces sédentaires ; puis les erreurs et les faux jugements s'élimineront devant l'expérience raisonnée, et le vrai finira par avoir raison.

Un système de culture, si ingénieux et si recommandé qu'il soit, ne se perpétue et ne se propage qu'autant que les résultats économiques en sont avantageux, et la production artificielle du poisson est soumise à la loi commune. Des exemples concluants, des calculs précis tendent à la placer au rang des opérations agricoles les plus profitables. Il ne reste qu'à donner aux recherches destinées à l'agrandir les allures méthodiques qui conduisent avec certitude à la vérité, ou pour mieux dire au succès.

Les étangs sont un moyen de tirer des mauvaises terres un revenu équivalent à celui des bonnes, et cet avantage, atténué, il est vrai, par des inconvénients qu'il serait trop long de discuter ici, est déjà un indice de l'économie avec laquelle se produit la chair du poisson. D'un autre côté, pour peu qu'on se rende compte des quantités de substances alimentaires nécessaires à la formation d'une quantité déterminée de cette chair, on entrevoit qu'aucun animal domestique ne s'assimile mieux que le poisson la nourriture qu'il absorbe. Il ne perd par la respiration, la transpiration et les excréments que des quantités insaisissables ; à cet égard, il est fort en avance sur les animaux terrestres. Il n'a pas été fait, que je sache, beaucoup d'expériences directes sur ce sujet ; mais malgré les variations que doit comporter la diversité des espèces, les présomptions dont est accompagné le fait général font pressentir que des preuves définitives ne tarderont pas à les remplacer.

Tout le monde sait que les rations journalières que reçoit le bétail se divisent dans leurs effets sur l'économie animale en deux parts : l'une maintient la vie de l'animal en ce sens qu'elle suffit pour en arrêter le dépérissement ; l'autre ajoute à son poids, à ses forces, à ses facultés, ou, en d'autres termes, se convertit en chair, en lait, en laine, en capacité de travail. On estima qu'en général, chez les mammifères, la ration de simple entretien entre pour près de moitié dans la ration totale avec laquelle ils donnent leur *maximum* de produit utile. Il suit de là qu'un animal dont le maintien n'exigerait que le tiers ou le quart de cette quantité l'emporterait de beaucoup sur ceux que nous connaissons : le plus avantageux à élever est évidemment celui qui se contente de la moindre ration d'entretien. — Le poisson serait-il dans ce cas ? — On voit souvent dans des viviers ou dans des vases portatifs des poissons passer des

III. — ACCLIMATATION DU POISSON ET STABULATION.

semaines et des mois sans recevoir d'aliments et sans paraître en pâtir. Le froid supprime dans le poisson le besoin, pour ne pas dire la faculté de manger. Quand un genre est constitué pour traverser des épreuves auxquelles succomberaient les autres, il est permis de supposer que chez lui l'entretien exige fort peu, et que près de la totalité de la nourriture absorbée tourne en accroissement de la substance de l'animal. La prodigieuse rapidité de la croissance de beaucoup de poissons vient à l'appui de cette conjecture. L'étude attentive d'un pareil fait se recommande d'elle-même à la science et à l'économie domestique, et elle n'est heureusement au-dessous de la portée d'aucun naturaliste, ni au-dessus des facultés d'aucun ménage : L'éducation du ver à soie doit en Europe ses procédés les plus sûrs, ses pratiques les plus fécondes, à la finesse et à la patience d'observation des femmes ; un rayon d'instinct maternel semblé éclairer les soins dont elles entourent des êtres recommandés à leur sollicitude par leur propre faiblesse. Il en sera de même dans les entreprises de domestication du poisson, et pour peu que les expériences soient bien conduites, le fruit en sera recueilli jour par jour au sein des plus modestes familles. De quoi s'agit-il en effet ? De se procurer pour tout mobilier de laboratoire le récipient le plus commun et de donner un utile emploi aux débris qui, faute d'être en quantités suffisantes pour nourrir des animaux de forte consommation, se perdent chaque jour dans les ménages et les jardins. Il n'est pas nécessaire d'attendre, pour se livrer à ces faciles occupations, des poissons de la valeur du gourami : il convient au contraire de commencer par les plus communs d'entre les nôtres. La carpe par exemple, qui se trouve partout, accepte avec avidité les pommes de terre, les racines écrasées, les feuilles des légumes et les moindres reliefs de la table et de la cuisine. Ne fît-on que la convertir par la stabulation en un agent de conversion de substances rebutées en substances profitables, une économie susceptible, d'une extension presque indéfinie serait obtenue. Il n'y a point à douter du succès. En Hollande, on a constaté que les carpes vivaient emmaillottées dans des mousses ou des herbes mouillées presque aussi bien que dans l'eau ; on en a nourri dans cette étroite prison, et l'on assure que chez elles, comme chez les oies que l'Alsace immole à la gourmandise des amateurs de foie gras, l'immobilité ajoute au développement de la chair et de la graisse. Proposer l'adoption d'une pratique aussi cruelle, ce serait se brouiller avec la société protectrice des animaux : aussi les résultats de cet extrême degré de la stabulation ne sont-ils invoqués ici que pour rassurer sur l'apparente témérité de procédés plus humains et moins raffinés.

Si l'écrevisse n'est pas la parente des poissons, elle est incontestablement leur voisine, et peut, à ce titre, prendre ici une humble place après eux. Ses habitudes sédentaires signalent en elle un des animaux aquatiques les plus propres à la stabulation, et elle ne peut pas différer sous ce rapport du homard. Celui-ci s'accommode fort bien de ce régime dans l'atelier de pisciculture de M. Guilhou à Concarneau et dans les nouveaux magasins des spéculateurs anglais. Notre compatriote a fait sur les hôtes de ses ateliers les observations les plus précieuses pour l'histoire naturelle ; nos voisins se contentent de gagner avec les leurs beaucoup d'argent. On voit dans les anses les plus ignorées de la côte septentrionale de la Bretagne de petits bâtiments anglais, aménagés exprès pour ce commerce, se charger périodiquement de homards recueillis dans les intervalles de leurs voyages par les pêcheurs du canton. Ces cargaisons étaient naguère directement transportées à Londres ; elles sont aujourd'hui emmagasinées dans des parcs maçonnés qui s'échelonnent de Torquay à Portsmouth : les homards s'y développent, s'y engraissent et approvisionnent le marché de Londres avec mesure et sans ces encombrements qui provoquent l'avilissement des prix. L'écrevisse peut alimenter à l'intérieur des terres de semblables réservoirs ; elle transforme en un mets recherché les plus infimes débris de la boucherie et des ménages, et ne coûte qu'un peu d'attention. La Meuse et la Mayenne, deux rivières qui coulent dans des terrains de natures différentes, sont renommées pour l'abondance et la beauté de leurs écrevisses, et il n'est presque pas de canton où ces crustacés n'aient leur ruisseau de prédilection ; beaucoup de cours d'eau en sont au contraire totalement dépourvus. Ces bigarrures ne sont encore expliquées que par le contact des roches auxquelles les crustacés paraissent emprunter des éléments nécessaires à la formation de leurs cuirasses ; mais on apprendra par la stabulation à placer les écrevisses dans les conditions les plus favorables à leur développement, on sera aussi conduit par cette pratique à la propagation des meilleures variétés : celles-ci ne paraissent pas être les nôtres. La Drave, à la hauteur de Klagenfurth, et les eaux qui approvisionnent Berlin en fournissent de fort supérieures, surtout par la taille, et ces différences, qui sont comptées pour rien dans les classifications des naturalistes, comptent pour beaucoup dans celles de l'économie domestique.

Les expériences empiriques qui se feront dans les ménages sur la domesticité du poisson ne seront pas les moins intéressantes. Le peuple se contente dans ses opérations journalières d'une comptabilité instinctive, mais qui le trompe rarement, et c'est lui qui recueillera sur les effets économiques obtenus les données les plus sûres. D'un autre côté, proposé sous une forme accessible aux intelligences les plus vulgaires, le problème de la stabulation du poisson propagera l'esprit d'observation dans des classes de la société où il est jusqu'à présent peu répandu, et les notions les plus instructives viendront peut-être des lieux où on les attend le moins. Les faits pratiques ainsi constatés conduiront, en se combinant avec les expériences raisonnées de l'*aquarium* et les études du naturaliste, à la connaissance des lois de la production du poisson sur une grande échelle. Nos étangs en sont aujourd'hui le champ, et rien de plus ; le poisson y est abandonné comme le serait un troupeau sur une terre en friche où la croissance spontanée de l'herbe assurerait seule sa pâture. Ces procédés imparfaits doivent faire place à des systèmes de culture réfléchis, et l'auge, le vivier, l'étang, sont les trois degrés sur lesquels s'élaboreront les méthodes fécondes qu'il est temps de substituer à la stérilité de la routine.

Les anciens Romains ont poussé très loin l'art d'élever le poisson-, mais ils n'avaient pas d'autre but que la satisfaction du luxe et de la sensualité des privilégiés de la fortune : ils cherchaient le rare, l'extraordinaire, et le bon, dès qu'il était à la portée du grand nombre, perdait son mérite à leurs yeux. Nos tendances sont, grâce à Dieu, l'inverse des leurs. Ce que le christianisme demande à l'intelligence et au travail, c'est le renouvellement continuel de la multiplication des pains et des poissons ; il s'agit aujourd'hui de faire descendre l'usage d'un aliment choisi dans les classes de la société qui n'y pouvaient pas atteindre. Le phénomène de la transformation de la matière végétale en matière animale vivante capable de sensibilité, de souffrance, d'amour, s'accomplit perpétuellement devant nos yeux et en nous-mêmes sans qu'il nous soit donné d'en pénétrer le mystère intime ; mais nous sommes maîtres d'en observer la marche et d'en déduire les lois par la connaissance des effets. Les différences de rendement de la nourriture digérée sont souvent fort grandes entre individus de même race ; elles doivent l'être plus encore entre des espèces aussi éloignées les unes des autres que les poissons et les mammifères. Un champ presque indéfini s'ouvre aux expériences qui détermineront les effets des substances impropres à l'alimentation de l'homme sur le développement des animaux aquatiques dont il se nourrit. Il y a donc beaucoup à apprendre et beaucoup à profiter. Les populations ichthyophages sont partout des plus belles et des plus fortes qu'on connaisse [14], et peut-être une large consommation du poisson est-elle un moyen de combattre cet affaiblissement de nombreuses familles de l'espèce humaine que les physiologistes remarquent sans pouvoir lui assigner de causes ni lui trouver de remède.

## IV. — MORT DU POISSON.

Le poisson naît, croît et se multiplie pour l'usage de l'homme. Nos droits sur lui sont écrits au chapitre premier de la Genèse ; mais le saint livre ne nous a pas autorisés à lui infliger des souffrances aussi gratuites qu'imméritées, et si lui épargner de longues agonies est un moyen d'ajouter à sa valeur alimentaire, la manière dont il meurt n'est pas plus indifférente pour nous que pour lui.

Beaucoup d'honorables Anglais voyagent en France uniquement pour faire bonne chère : ils proclament loyalement la supériorité des bœufs charnus de la Normandie, du Limousin et du Charolais sur les bêtes graisseuses de Durham, du mouton parfumé des Ardennes sur les races lardacées de Leicester et de South-Down ; mais ils rejettent notre poisson avec dédain, et en cela aussi, à leur dire, *Britannia rule over the wawes...* Les Hollandais sont moins hautains, mais presque aussi dégoûtés, et dans le fait nul d'entre nous n'a mis le pied sur le sol batave sans être frappé de la saveur et de la fermeté particulières du poisson. — Pourquoi n'a-t-il pas chez nous les mêmes qualités ? Les circonstances naturelles de la pêche sont les mêmes pour nos voisins que pour nous ; nos eaux sont encore plus vives que celles de la Hollande, et quant à nos cuisiniers, ils valent assurément les siens. — Comment ces différences se manifestent-elles dans un aliment qui, surtout lorsqu'il s'agit d'espèces voyageuses communes à des pays presque voisins, devrait se ressembler partout à lui-même ? On les expliquerait dans le poisson conservé par la diversité des préparations qu'il subit ; mais ces différences sont tout aussi sensibles dans le poisson frais. On a beau chercher, les procédés qu'emploie la pêche dans les trois pays ne s'éloignent qu'en un seul point essentiel : en Angleterre et en Hollande, on tue le poisson aussitôt qu'il est pris ; à de rares exceptions près, en France on le laisse mourir. Voyons si l'expérience et les analogies condamnent ou justifient nos usages.

Tout chef de cuisine a éprouvé que le sanglier, le cerf, le chevreuil, le lièvre, forcés à la course et tombés après les angoisses d'une lutte désespérée, sont un détestable manger, et s'il a le sentiment de sa dignité, il refuse d'apprêter ces viandes dégradées. Le chasseur le plus novice n'a garde de laisser le gibier blessé mourir lentement dans sa carnassière ; il le tue dès qu'il le saisit. Une boucherie qui débiterait des animaux morts d'asphyxie, de faim, de fatigue ou d'épuisement, serait fermée par mesure de police, si sa clientèle laissait à l'autorité le temps d'agir. Cette répugnance pour la chair du mammifère ou de l'oiseau dont la vie s'est retirée par impuissance de se maintenir est aussi ancienne que le monde ; les animaux de proie l'éprouvent eux-mêmes par instinct : le lion, le tigre, la panthère, l'aigle, ne prisent qu'une chair vivante, et laissent les cadavres à la hyène et au corbeau.

Des répugnances si prononcées ne sont jamais fondées sur de futiles raisons ; le défaut de saveur est ici l'avertissement d'un défaut de salubrité. Les conséquences du mode d'extinction de la vie dans les animaux à sang rouge qui vivent dans l'air seraient-elles nulles chez ceux qui vivent dans l'eau ? Il ne faut consulter sur une pareille question que les faits les plus vulgaires, les plus généraux et les plus directs. Demandons à la grande pêche elle-même quelques enseignements.

La morue provenant des pêches anglaises et hollandaises vaut mieux et se vend plus cher que la nôtre ; elle est pourtant pêchée sur les mêmes bancs et salée avec les mêmes sels : toutes les circonstances naturelles sont identiques. Où se trouve donc la différence ? Dans les bâtiments anglais et hollandais, les matelots qui jettent les lignes de bord ont derrière eux les trancheurs, qui, dès que le poisson est hors de l'eau, lui coupent la tête, lui fendent le ventre et le déploient. Chez nous, cette opération ne se fait que le soir, sur des morues dont la plupart arrivent mortes au port. Ce n'est malheureusement pas la seule circonstance significative à noter dans notre pratique. Nous péchons pendant le jour à la ligne volante, pendant la nuit à la ligne de fond, longue traînée sur laquelle s'embranchent des fils armés d'hameçons, et qui n'est retirée qu'après un jour plein. Les morues prises de cette manière meurent souvent dans l'eau après de longues heures passées à se débattre et à tirer sur la ligne : celles qui se trouvent dans ce cas sont fades au goût, rapidement corrompues, se mettent à part et se vendent à bas prix. Les pêcheurs les connaissent trop bien pour en faire leur nourriture. Loin de là, pour faire le soir une soupe recherchée, ils prennent au moment du retour des morues vivantes, leur ouvrent le ventre et en extraient les entrailles, leur arrachent les yeux, leur coupent la queue, puis ils pratiquent une incision annulaire au-dessous des ouïes, et enlèvent la peau du dos et les nageoires supérieures. Cela s'appelle *éberguer* le poisson, locution qu'on dit dérivée du nom de la ville norvégienne de Bergen, où cette préparation paraît invariablement appliquée. Les mornes éberguées sont attachées à des lignes et traînées dans l'eau à la remorque du bateau de pêche. De l'aveu de tous, un procédé si simple ajoute singulièrement à la saveur du poisson ; mais telle est l'influence des lieux que les mêmes matelots bretons qui vantent les effets qu'ils en obtiennent à Terre-Neuve cessent d'en user dès qu'ils sont dans la baie de Saint-Brieuc.

L'infériorité reprochée aux produits de notre pêche est plus sensible encore dans le hareng. *Hareng de Hollande*, voit-on en étiquette dans les boutiques des épiciers de Paris, et il coûte un sou la pièce de plus que son voisin le hareng de France, auquel on n'accorde pas les honneurs d'une annonce. Toute la différence consiste en ce que le premier a le ventre fendu et les intestins arrachés aussitôt qu'il sort du filet, tandis que le second n'est ouvert qu'à la fin de la journée. On ne peut pas dire ici qu'elle tienne à la lenteur de l'agonie à bord des bateaux de pêche français. Le hareng passe pour être de tous les poissons celui dont la mort hors de l'eau est la plus prompte ; il expire à la première impression de l'air : *deus as a herring*, disent les Anglais d'un homme mort subitement. Seulement le procédé hollandais délivre immédiatement le poisson des deux principaux éléments de corruption de la chair musculaire, le sang et les intestins. Cette séparation, qui ne s'accomplit en aucun cas sans que la mort soit instantanée, est sans doute pour beaucoup dans les effets des procédés de nos voisins ; l'importance qui lui est attribuée dans la préparation des bêtes de boucherie indique assez quelle influence le procédé du pêcheur hollandais peut exercer sur la valeur du poisson. Il ne se contente pas de la mort des harengs, il les saigne et les vide immédiatement.

Il serait puéril de remarquer que ce qui est vrai du poisson de mer doit l'être du poisson d'eau douce, mais on peut se passer de raisonner par analogie quand il existe des expériences directes. En Angleterre et en Ecosse, où la pêche de la truite a des clubs et des assemblées délibérantes édictant des règlements toujours religieusement observés, les préparations du poisson ont été l'objet d'études approfondies ; les anciens usages ont été recueillis, critiqués, amendés, suivant les leçons du raisonnement et surtout de l'expérience. Tout poisson pris a le ventre immédiatement fendu avec le tranchant de l'acier, reçoit deux incisions longitudinales dans les muscles du dos, et en cet état est plongé dans l'eau fraîche pendant cinq ou dix minutes. Ce procédé a le nom de *crimping*. Le célèbre chimiste sir Humphry Davy avait été dans sa jeunesse un pêcheur à la ligne émérite, et dans ses dernières années il a publié, sous le titre de *Salmonia*, un cours complet de la pêche des diverses familles de salmonées. Il y recommande expressément la pratique du *crimping*. Ainsi dans toutes les sociétés de pêcheurs méthodiques et réfléchis on s'est attaché à tuer le poisson pendant qu'il a encore toute sa vigueur.

Observé de temps immémorial chez les peuples Scandinaves, l'usage du *crimping* a probablement été importé par eux dans les îles britanniques lors de leurs premières invasions. Il est peut-être encore plus ancien sur un point fort connu des bords du Rhin. Le saumon des pêcheries de Saint-Goar est réputé fort supérieur en qualité à celui qui se pêche au-dessus et au-dessous. Les pêcheurs en effet non-seulement y tuent le saumon en lui transperçant rapidement le cerveau avec une grosse aiguille d'acier, mais ils ne le tuent qu'après lui avoir donné le temps de se remettre dans des viviers des efforts faits et des angoisses éprouvées dans le filet ; ils prétendent reconnaître d'abord à l'aspect de la chair si le poisson est mort rétabli ou non de sa fatigue. Les pêcheries de Saint-Goar ont été jusqu'à la révolution un domaine des petits souverains ecclésiastiques qui s'étaient partagé au moyen âge les bords du Rhin, et il n'est pas étonnant que des hommes d'esprit et de savoir qui n'avaient peut-être en ce bas monde d'autres plaisirs que ceux de la table y aient introduit des raffinements dont ne se seraient pas doutés de grossiers burgraves.

Les lecteurs pourraient se contenter des autorités populaires qui viennent d'être invoquées. Un vieux souvenir m'a rendu plus difficile. J'ai eu dans ma jeunesse la bonne fortune d'assister à la discussion rendue célèbre par Brillat-Savarin, où le président Henrion de Pansey fit avouer à M. Laplace que la *Cuisinière bourgeoise* était un livre infiniment plus intéressant que la *Mécanique céleste*, — qu'aucune découverte d'étoiles ne vaudrait jamais pour l'humanité l'invention du fricandeau, — que l'Institut de France serait incomplet tant qu'il n'y siégerait pas une section de cuisiniers pour donner une direction philosophique aux travaux des sections de chimie, de zoologie et de botanique. — Trois révolutions accomplies au nom du progrès n'ayant point exaucé les vœux de l'illustre président, je n'ai pas trouvé dans le sein de l'Institut de solution culinaire de la question posée sur la mort du poisson, et je l'ai déférée à M. Chevet, dont le laboratoire, situé au Palais-Royal, est connu de toute l'Europe. Un demi-savant se serait prononcé d'abord sans aucune hésitation. M. Chevet doute, pèse, examine et relève, chemin faisant, plus d'un fait qui donne à penser. Il remarque que l'agonie de la carpe et celle de l'anguille durent de quarante à soixante heures, et qu'un état de souffrance si prolongé ne peut manquer d'altérer leur constitution ; il attribue la supériorité du saumon fumé de Hollande au contact des pêcheries et des ateliers de salaison, contact qui facilite la rapidité des opérations, et dont l'effet est l'expulsion immédiate du sang et des intestins et la conservation dans le tissu de la chair d'une huile essentielle qui s'échappe ou se décompose dans une préparation trop lente. Enfin il termine une lettre pleine d'observations judicieuses par cette proposition à l'adresse de toutes les cuisines de France : *Faire pêcher deux poissons de même sorte, de même grosseur, dans les mêmes eaux ; en saigner un, laisser l'autre mourir ; faire cuire ces deux poissons en temps convenable, dans deux cuissons séparées, mais parfaitement identiques, et comparer.* — M. Chevet a raison : *experientia rerum magistra*, a dit avant lui Cicéron, dont il entend assez bien la langue ; mais, si j'ose l'avouer, j'ai peur, à quelques passages de sa lettre, que les études physiologiques ne soient pas à Sainte-Barbe au niveau des humanités. Or il suffit d'un petit nombre de notions imparfaites, sinon pour jeter la cuisine expérimentale dans d'interminables égarements, du moins pour allonger beaucoup devant elle le chemin de la vérité. C'est à un savant dont les travaux ont la plus haute autorité en physiologie que j'ai recouru pour rendre ce chemin le plus direct et le plus lumineux possible, et voici la réponse textuelle de M. Claude Bernard à mes questions sur les effets de la lenteur ou de la promptitude de la mort touchant la comestibilité de la chair du poisson.

« Depuis longtemps, dit-il, j'ai constaté que chez tous les animaux en bonne santé et bien nourris, quelle que soit leur alimentation et quelle que soit la classe à laquelle ils appartiennent, vertébrés ou invertébrés, il existe dans tous les tissus et plus spécialement dans le foie, et ensuite dans la chair musculaire, une substance analogue à l'amidon végétal que j'ai appelée *glycogène*. En effet, cette matière peut être extraite des tissus des animaux et ensuite être transformée en dextrine et en glycose par les procédés qui servent à faire subir les mêmes transformations à l'amidon végétal. Des matières azotées formées dans l'alimentation accompagnent cette matière glycogène ; mais je n'ai pu encore trouver des caractères pour les isoler et les définir exactement. Or ce qu'il vous importe de savoir pour vos recherches, c'est que ces matières glycogènes et azotées qui se forment dans les tissus sous l'influence d'une bonne alimentation et d'un état de santé normal, et d'autant plus abondamment que l'individu est plus vigoureux et plus jeune, ces matières, dis-je, peuvent disparaître sous des influences maladives, et par l'agonie prolongée. J'ai constaté ce fait un très grand nombre de fois, et je l'ai signalé depuis longtemps pour les animaux à sang chaud. Chez eux, la fièvre détruit rapidement la matière glycogène, et dans tous les cas cette substance disparaît toujours à la suite d'une mort spontanée ; mais dans les morts violentes ou accidentelles la matière en question ne disparaît complètement qu'autant qu'il y a eu agonie, et agonie assez longue pour que l'animal ait éprouvé de la souffrance et une perturbation des phénomènes nutritifs. Ainsi, pour un lapin, une agonie de cinq ou six heures suffit en général pour faire qu'on ne trouve plus la matière glycogène dans les tissus, et il peut y avoir chez l'animal ainsi mort une différence de saveur très marquée dans la chair et en particulier dans le foie.

« Le fait constant et bien établi pour moi, c'est qu'il existe dans les animaux bien portants des matières glycogènes et autres qui disparaissent des tissus par la souffrance prolongée et l'agonie, tandis que ces mêmes matières restent dans les chairs et les tissus quand l'animal a été tué subitement, ou qu'il n'a eu qu'une agonie de courte durée. En disant que ces matières disparaissent, je veux seulement faire entendre que les caractères de ces substances n'existent plus : il y a eu transformation de ces substances en d'autres encore peu connues.

« Chez les animaux surmenés, les principes que je viens d'indiquer disparaissent aussi, et l'on a constaté que les muscles fatigués par un exercice exagéré avaient subi dans leurs tissus des modifications profondes, et qu'ils cédaient à l'eau beaucoup plus de principes solubles que les muscles d'animaux à l'état normal.

Voilà tout ce que la physiologie nous a fait connaître sur la question qui vous intéresse. Ce sont des notions encore bien vagues, comme vous voyez ; cependant je suis convaincu que, si l'on fait des expériences directes, on arrivera à une explication scientifique des phénomènes que la pratique a révélés. Il y a certainement des différences dans la rapidité de la modification des chairs suivant la nature des animaux, leur âge, la saison, et surtout suivant le genre de mort. Pour les mammifères, j'ai constaté que la mort par asphyxie est une des morts qui font disparaître le plus vite les matières glycogènes.

« Dans les derniers faits que vous m'avez communiqués, j'ai vu que les morues qui meurent dans l'eau sont plus mauvaises que celles qui meurent dans l'air. Cela doit tenir à ce que l'asphyxie arrive autrement, ou peut-être aussi à ce qu'il y a imbibition des tissus, ce qui est une cause d'altération très rapide. »

IV. — MORT DU POISSON.

Ce lumineux exposé de la doctrine met quiconque veut faire des expériences en état de se rendre compte des phénomènes qui se dérouleront sous ses yeux. M. Claude Bernard espère que les expérimentateurs seront nombreux, et quand j'ai appelé son attention sur les effets des divers genres de mort du poisson, il a pénétré du premier coup d'œil les conséquences éloignées d'une amélioration qui, si peu qu'elle ajoutât à la valeur de chaque unité, produirait sur l'ensemble une énorme richesse ; mais il a attaché bien plus de prix encore aux avantages physiologiques qui résultent pour l'homme lui-même d'une alimentation plus substantielle et plus salubre. Si telles doivent être les conséquences de l'introduction d'un procédé simple et facile dans la pratique de nos pêcheries, jamais amélioration ne survint plus à propos. De toutes les conquêtes que les nouveaux traités de commerce assurent en France à l'Angleterre, celle dont elle s'applaudit le plus est la réduction de 40 à 10 pour 100 des droits sur les poissons frais ou salés de l'étranger. Elle calcule avec joie que cette mesure sera la ruine de nos pêcheurs de l'Océan, et par conséquent un notable affaiblissement de la population maritime des rivages opposés aux siens. Cette joie lui est assurément permise ; mais c'est à nous de ne négliger aucun moyen de relever nos braves pêcheurs de la Manche de la rigoureuse condition qui leur est faite à partir de 1861. Un accroissement de la valeur du produit de leur pêche, acquis au prix d'un peu plus de soin dans la préparation du poisson, les aiderait certainement à se défendre de la concurrence anglaise. Cet adoucissement n'est pas le seul qui puisse leur être offert ; mais il suffit de leur patience et de leur résignation pour la propagation d'un procédé éprouvé dans leur voisinage, et l'on ne sait nulle part aussi bien que parmi eux que, pour être aidé par le ciel, il faut commencer par s'aider soi-même.

Auprès des souffrances qui attendent nos matelots, faut-il parler de celles des poissons ? Pourquoi pas ? Les poissons ne sont-ils pas des créatures douées de sensibilité, et s'ils n'ont pas la parole, n'est-ce pas une raison de plus de la prendre pour eux ? Sydney Smith, le grand humoriste anglais, dénonça un jour à son pays une association nombreuse, comptant des affiliés dans les classes les plus respectées de la société, et qui s'était constituée uniquement pour accrocher des animaux vivants à des crampons aigus et se réjouir au hideux aspect des convulsions et des tressaillements de ses victimes. Aussitôt un cri d'indignation retentit d'un bout à l'autre de l'Angleterre, et on somma le dénonciateur de donner des indications précises sur une bande de cannibales dont la seule présence déshonorait le pays… Il répondit qu'il avait entendu désigner le club des pêcheurs à la ligne, et l'agitation qu'il avait excitée se termina par un long éclat de rire. — Je voudrais avoir le talent et le crédit de Sydney Smith pour plaider la cause de créatures que nous livrons si mal à propos aux souffrances de longues agonies : c'est à nos dépens que nous les faisons ainsi souffrir, et la question posée sur la mort du poisson intéresse notre égoïsme autant qu'elle devrait toucher notre pitié.

## V. — PHOSPHATES ÉGARÉS.

« Seigneur, lit-on dans la Bible, vous avez tout disposé dans ce monde par mesure, par nombre et par poids [15]. » Cette expression si précise de l'organisation de l'univers est restée pendant trois mille ans sous les yeux des hommes comme un livre fermé. Le premier, Newton ouvrit le livre et marcha, par la généralisation des faits mécaniques les plus vulgaires, à la découverte des lois de la pondération des corps célestes ; Laplace, après lui, condensa les conditions de l'équilibre, du système planétaire dans des formules d'une si rigoureuse justesse qu'en les appliquant de nos jours à quelques observations éparses, on détermine les orbites des astres inaperçus dont il affirmait l'existence. La lumière qu'a jetée l'astronomie dans les profondeurs du ciel, la chimie la porte aujourd'hui dans, les mystères de la composition des corps. C'est aussi par poids et par mesure que se combinent les éléments des corps, et quelques-uns de ces éléments, indispensables aux fonctions de la vie, ne se remplacent ni ne se suppléent dans l'économie animale. Libres, ils sont en suspension dans l'air, dans les eaux, ou latents dans le sein de la terre : les organes des plantes et des animaux ont une merveilleuse aptitude à les saisir dans le courant des molécules assimilables et à s'en approprier ce qui est nécessaire à leur existence ; ils les transforment en leur propre substance, puis les restituent quand la tâche est remplie soit directement à d'autres êtres, soit au réservoir commun. Ainsi la vie circule dans les deux règnes animés de la nature, attirant dans chaque être les éléments qui sont à sa portée, mais impuissante à les créer, et, suivant le degré auquel sont satisfaites ses exigences d'absorption, l'individu prospère, s'étiole ou meurt. Ce qui est vrai des individus l'est aussi des populations ; les aliments de la vitalité se raréfient et disparaissent quelquefois dans de vastes contrées, et quand les faits physiologiques qui se rapportent à ces vicissitudes seront mieux connus, les défaillances et l'extinction de races et d'empires qui n'ont plus de place que dans l'histoire seront probablement expliquées.

Parmi les substances nécessaires au maintien et à la transmission de la vie, une des plus essentielles est le phosphore. C'est aux combinaisons dont il est la base que les ossements doivent leur solidité, et les races la faculté de se perpétuer. Des animaux exclusivement nourris d'aliments dépourvus de phosphore s'affaissent sur leur trop faible charpente et sont inhabiles à se reproduire. Des terres épuisées de phosphore ne portent que des plantes imparfaitement nutritives, et les plus riches ne conservent leur valeur qu'à la condition de recevoir dans les engrais l'équivalent de ce qui leur en est enlevé dans les récoltes ; atteintes sans cela d'un appauvrissement progressif, elles descendent à une impuissance à peu près complète d'alimenter des espèces fortes et nombreuses. Les voyageurs qui parcourent la Sicile sont frappés de l'inertie actuelle du territoire qui fut le grenier de l'antique Rome : c'est que les sels vitaux dont ce territoire était si largement doté ont été emportés dans les blés dont s'est nourrie pendant plusieurs siècles la populace insolente et vénale de Rome. Rome n'est pas la seule capitale où se soit organisée cette déperdition d'un des principes de la vie. En ce moment même, le célèbre chimiste Liebig traite de l'appauvrissement du sol de la Grande-Bretagne et met en relief, par des calculs irréfutables, la rupture de l'équilibre entre ce qu'il perd et ce qu'il reçoit de sels fécondants. C'est en vain que l'Angleterre va chercher du phosphore dans le guano des îles de l'Océan-Pacifique et dans les ossements humains qu'elle déterre sur les champs de bataille de la vieille Europe : elle ne remplace pas ce que lui ravit la convergence des déjections de la seule ville de Londres vers le lit infect de la Tamise. On pourrait faire des calculs analogues sur les égouts de Paris et dire quelle part de la fertilité de la France s'écoule chaque jour dans la Seine par des conduits qui devraient servir à féconder nos champs. Les villes sont, aux yeux de la chimie, des espèces de suçoirs qui dépouillent, particulièrement dans les grains et les viandes qu'elles consomment, les campagnes des principes de leur fertilité et ne leur en restituent qu'une faible part. Les bases immédiates de l'alimentation vont ainsi se rétrécissant de plus en plus.

Malgré tout ce que nous ignorons et tout ce qui nous échappe dans les éléments de la vitalité des végétaux et des animaux, des observations précises sont faites sur les absorptions et les déperditions des populations urbaines : elles se résument dans ce fait redoutable, que les eaux courantes, quel qu'en soit le volume, dépouillent perpétuellement la terre ferme des sels solubles dont elle est garnie pour les transporter à l'Océan. Que deviennent ces principes de vie quand ils sont noyés dans la masse des eaux du globe ? Il ne nous est pas toujours interdit de l'entrevoir. Souvent, au milieu des nuits les plus sombres, la mer resplendit de lueurs mystérieuses, les lames se panachent au loin de flammes dorées, les avirons font jaillir sous les eaux qu'ils refoulent des faisceaux d'étincelles et s'émergent en ruisselant de perles lumineuses, le sillage du vaisseau tourbillonne à perte de vue en reflets ardents. Cette phosphorescence de la mer provient d'animalcules microscopiques qui s'amoncellent en nuages dans l'Océan comme les vapeurs aqueuses dans l'atmosphère, et dont chaque mètre cube d'eau peut contenir un milliard, les poissons s'imprègnent des substances vitales dont sont composés ces infusoires : les uns les saisissent au passage dans les eaux douces, les autres vont les chercher dans les profondeurs marines, et c'est ainsi qu'ils sont les plus phosphores de tous les animaux. La pêche rapporte donc à la terre quelques parcelles des phosphates que soutirent continuellement de sa surface ou de son sein les lois de l'écoulement des eaux, et l'on s'en aperçoit à la vertu prolifique des populations ichtyophages. Cette circonstance place la pisciculture et la pêche sous un jour auquel on n'a peut-être pas accordé jusqu'ici toute l'attention qu'il mérite, et si les considérations qui précèdent sont fondées, le développement de la production du poisson serait pour la nation quelque chose de plus qu'un moyen ordinaire d'alimentation ajouté aux ressources qu'elle possède déjà.

V. — PHOSPHATES ÉGARÉS.

On peut conclure des notions acquises sur l'action du phosphore dans l'économie animale que la multiplication du poisson est au premier rang des entreprises propres à corriger la fatalité de l'affaiblissement des populations, et que peu d'industries rendent à l'agriculture un service plus réel que celle qui, recueillant dans les pêcheries les débris de poisson, les convertit en engrais et reporte dans les champs un principe de vitalité qui s'en était échappé. Pour être moins algébriquement démontrées que les lois auxquelles obéissent les corps célestes, les lois qui limitent les forces des nations suivant les forces productives du sol ne sont ni moins positives ni moins rigoureuses ; les équations jouent un grand rôle dans le monde physique, et quand une partie des termes qui les composent échappe à la faiblesse de notre vue, il ne faut point croire que l'équation n'existe pas. La matière ne se crée point, elle se déplace, elle se transforme, et les éléments de la vie sont en transfusion perpétuelle entre le règne animal et le règne végétal. Dieu accorde quelquefois à l'intelligence humaine la faculté d'en diriger les migrations, et si l'aménagement de la pêche est un moyen d'ajouter si peu que ce soit aux forces de notre pays, sachons compléter l'œuvre de la Providence.

## VI. — POLICE DE LA PÊCHE.

L'action de la nature a sans doute une très grande part dans les résultats à espérer ou à craindre des entreprises d'empoissonnement des eaux courantes ; mais la législation et l'administration en ont une aussi : elles contrarient ou secondent le développement spontané de la production, et, suivant qu'elles sont éclairées ou aveugles, elles font naître dans des circonstances naturelles identiques l'abondance ou la stérilité. Cette étude ne serait donc pas complète, si les institutions qui régissent parmi nous la pêche y étaient laissées à l'écart.

La pêche en eau douce s'exerce, à l'égard de la propriété, dans trois conditions différentes : — dans les étangs, dans les cours d'eau navigables ou flottables, et dans ceux qui ne le sont pas.

La mieux caractérisée de ces conditions est celle de la pêche des étangs. Ces *garennes d'eau*, « comme on les appelait au moyen âge, sont partout une création de l'industrie de l'homme ; elles s'emplissent ou se vident à volonté. La production du poisson alterne avec celle des grains ou des fourrages, et l'autorité publique n'a pas plus à s'en mêler que de l'ensemencement des champs. Compris dans le domaine privé, les étangs ne sont pas assujettis à d'autres règles que celles du droit civil, et cela ne les soustrait pas plus que toute autre propriété aux lois sur la salubrité publique.

Dans les eaux courantes, la pêche est subordonnée à d'autres principes. Celles qui ne sont ni flottables ni navigables sont soumises par leur nature et par les lois générales du pays à des servitudes considérables et bien justifiées au profit des riverains ; mais elles ne sont pas pour cela leur propriété, et parmi les circonstances qui en témoignent est le classement cadastral du lit de ces eaux parmi les surfaces non imposables. Les eaux courantes, qui dans leur ensemble et leur solidarité abreuvent, rafraîchissent le territoire et alimentent son système de communications le plus naturel, font en principe partie du domaine public, et c'est pour cela qu'il appartient à l'état de régler tous les travaux de dérivation ou d'emprunts de forces motrices qui peuvent en affecter l'écoulement. Une logique rigoureuse pourrait conclure de ces caractères des cours d'eau que la pêche en appartient à l'état ; mais comme dans la distribution de la justice l'exagération du droit tourne à l'injustice, de même dans les affaires économiques le raisonnement abstrait qui ne sait pas s'arrêter devant l'autorité des faits conduit à des résultats absurdes. La pêche dans de simples ruisseaux serait tout à fait impraticable pour l'état, et si elle ne l'était pas, elle lui coûterait infiniment plus qu'elle ne rapporterait. Le droit de l'état sur le poisson qui vit dans ces ruisseaux ne pouvant s'exercer, ce poisson n'appartient à personne ; il est un gibier dont la capture vaut titre de propriété ; mais, les riverains étant seuls en possession de l'accès des eaux qui coulent au travers de leurs terres, ils y jouissent en fait de la pêche. Le droit de police de la pêche est ici tout ce que peut et doit se réserver l'état ; il est une partie intégrante du droit de police des eaux, et il implique le devoir de garantir, dans la mesure prescrite par l'intérêt public, le bon aménagement d'une production qui entre pour beaucoup dans la richesse sociale. Ce devoir est d'autant plus obligatoire que, pour lever les obstacles nombreux mis à l'empoissonnement des eaux courantes, et même pour en assurer la fécondation, l'administration n'a besoin de blesser aucun droit privé.

Les cours d'eau ne sont navigables ou flottables qu'à la condition de réunir un volume liquide suffisant et d'offrir des rives accessibles à tous : *cunctis undamque auramque patentem*. Ces caractères sont ceux du domaine public dans toute son amplitude, et le service auquel sont affectées les eaux comporte alors une surveillance et des soins administratifs continus. Dans ces conditions, le droit de pêche de l'état devient aussi facile à exercer en fait qu'il est incontestable en droit, et aucun des revenus publics n'est assis sur des bases plus légitimes. Le produit financier de cette pêche n'en est pourtant pas le côté le plus important : les ressources qu'elle offre à l'alimentation publique, l'influence qu'elle exerce sur l'empoissonnement des affluents, ne sont pas moins à considérer que le revenu direct, et si l'organisation administrative de la pêche ne répondait pas à ce but élevé, elle serait défectueuse.

Telles sont les bases du droit de l'état à la propriété d'un côté, et de l'autre à la police de la pêche dans les eaux courantes ; mais, le droit mis hors de question, l'exercice en est-il fécond ou stérile ? Est-il placé dans les mains les plus capables de développer notre richesse ichthyologique ? Faut-il rester dans les anciens errements ou chercher de nouvelles voies ? C'est aux faits qu'il appartient de répondre, et de l'exposé de ce qui est ressortira peut-être l'indication de ce qui devrait être.

La célèbre ordonnance de 1669, consacrant des usages dont l'origine se perd dans la nuit des temps, a conféré la police et l'administration de la pêche en eau douce à l'administration des *eaux et forêts*, qui n'est plus de nos jours que l'administration des forêts. En confiant à la même surveillance et aux mêmes soins des deux branches de la richesse sociale, nos pères ne faisaient que transporter dans la législation la connexion qui existe dans la nature entre la conservation des bois et l'alimentation des sources [16], et par une déduction beaucoup mieux justifiée ils virent dans la police de la pêche une annexe inséparable de celle des eaux. L'administration des eaux et forêts avait alors une prépondérance qui allait jusqu'à lui donner, sous le nom de *tables de marbre*, des conseils et des tribunaux spéciaux ; elle seule était armée pour faire respecter certaines parties du domaine public, et d'ailleurs les travaux hydrauliques étaient si peu multipliés qu'ils n'étaient l'objet d'aucune gestion séparée. Les administrations publiques se pourvoyaient d'ingénieurs comme aujourd'hui d'architectes et de médecins. François 1er faisait construire des places fortes par Léonard de Vinci, et Colbert, quand il voulait faire exécuter un travail d'utilité publique, appelait, si ce n'est M. de Vauban lui-même, un de ses secrétaires, ainsi que l'on nommait les ingénieurs placés sous ses ordres. Ce régime d'incertitude se maintint pendant tout le règne de Louis XIV et la première moitié du suivant ; mais l'accroissement des travaux réclamant de nouveaux instruments, l'administration des ponts et chaussées fut constituée en 1740. On lui déféra la police des eaux ; seulement, par une singularité dont notre histoire administrative offre peu d'exemples, on perdit de vue, en modifiant une disposition importante de l'ordonnance de 1669, le principe d'unité sur lequel on l'avait fondée. Les eaux passaient sous un régime nouveau, et le poisson qu'elles contenaient resta sous l'ancien. La pêche fut-elle laissée par mégarde dans les attributions des forêts, ou bien craignit-on d'affliger les protectrices en crédit de quelques jeunes officiers forestiers ? Peu importe : c'était souvent par des raisons de cet ordre que se décidaient dans les conseils de Louis XV des affaires beaucoup plus importantes. La puissance des faits accomplis est quelquefois si grande dans notre pays que, lorsque les finances se réorganisaient sous le consulat, le bizarre enchevêtrement d'une police de la pêche séparée de celle des eaux fut maintenu. La loi du 14 floréal an X a laissé à l'administration des forêts l'affermage de la pêche dans les eaux navigables et flottables. Les effets de cette complication ne pouvaient être bons nulle part : ils devaient l'être moins qu'ailleurs sur les eaux artificiellement navigables. L'immixtion d'agents forestiers parmi les agents de la navigation, qui, les yeux toujours ouverts sur l'eau, ne devaient pourtant rien voir de la pêche, était inutile toutes les fois qu'elle n'était point nuisible. Un décret du 23 décembre 1810 fit passer aux ponts et chaussées la régie de la pêche dans les canaux, et une décision ministérielle de 1831 assimila sous ce rapport les tronçons de rivières canalisées aux canaux. Cette fois encore on restait à moitié chemin dans l'application d'un principe indivisible. Quoi qu'il en soit, 4,975 kilomètres de lignes navigables furent de la sorte détachés du domaine ichthyologique de l'administration des forêts, qui conserve encore la police de la pêche sur 6,820 kilomètres d'eaux courantes, dont la police propre appartient d'ailleurs à l'administration des ponts et chaussées.

Une carte de la France que j'ai sous les yeux distingue par des teintes opposées les eaux, soit navigables, soit flottables, où la police de la pêche est confiée ici à l'administration des forêts, là à celle des ponts et chaussées. Rien n'est si propre que la bigarrure officielle de ce document à mettre en relief les anomalies qui naissent de l'absence de tout principe dans un partage d'attributions. Prenons un exemple au hasard. De Digoin à Briare, la Loire est côtoyée par son cariai latéral sur une longueur de 191 kilomètres ; les deux lignes navigables sont le plus souvent en vue l'une de l'autre. Le personnel chargé de l'entretien du canal y règle les conditions et y surveille la pratique de la pêche. Sur le lit adjacent de la Loire, il y a aussi un personnel chargé des travaux hydrauliques et de la police des eaux ; mais il lui est interdit de regarder au poisson, et ce soin appartient à un autre personnel, celui qui régit les forêts étagées à quelques lieues de là, sur les pentes montueuses du Morvan. Dans les rivières canalisées, telles que le Doubs ou la Saône au-dessus de Gray, les tronçons alternatifs du lit naturel et du lit artificiel rassortissent à des fonctionnaires, à des directions générales, à des ministères différents… Fort heureusement les uns ni les autres ne se préoccupent outre mesure de l'aménagement de la pêche, sans quoi l'on n'entendrait parler que de leurs débats.

Une commission composée de personnages éminents dans le conseil d'état, les forêts et les ponts et chaussées, a été chargée d'examiner le projet de transférer au corps des ponts et chaussées seul la police tout entière de la pêche. Elle a fait sur cette question un rapport très développé ; mais il paraît que ses instructions lui prescrivaient de s'occuper beaucoup des mérites respectifs des deux corps savants engagés dans le débat, et fort peu du poisson. Elle a conclu, avec des ménagements qu'on ne saurait trop louer, si l'on fait abstraction des intérêts de la pêche, au maintien de l'organisation actuelle, en y ajoutant « l'établissement d'une commission mixte permanente composée de membres de l'administration des ponts et chaussées, de membres de l'administration des forêts et de membres de l'Institut. » — « Cette commission, dit-elle, délibérerait sur les questions qui diviseraient les deux administrations ; elle empêcherait les dissentiments de dégénérer en conflits, et ferait leur part légitime aux intérêts opposés des deux services [17]. » Suivant une mode qui tend à dégénérer en usage dans les commissions, cette conclusion a été prise à la majorité d'une seule voix ; mais on ne saurait méconnaître combien une réunion dont faisaient partie le directeur-général, des forêts et le directeur-général des ponts et chaussées a fait avancer la question d'organisation en déclarant avec cette fermeté de conviction que deux services qui concourent à une œuvre commune ont des intérêts opposés ! Mon respect pour les corps savants ne m'eût jamais permis d'être aussi sincère.

J'ai hâte de sortir des questions de personnes dans lesquelles s'est attardée la commission, et, pour en finir sur ce point, je n'ajouterai qu'un mot : « L'administration des forêts, a-t-on dit, ne prétend concourir avec le corps des ponts et chaussées que dans une science modeste et expérimentale qui rentre dans le cercle de ses études et ne requiert pas les hautes applications du calcul différentiel. » Si la direction générale des forêts s'imagine que tous les ingénieurs se souviennent d'avoir appris à l'École polytechnique le calcul différentiel et intégral, elle est dans une grande erreur ; mais, pour que l'argument eût une portée, il faudrait qu'il résultat de la connaissance de cette forme de calcul un obstacle à se connaître aux conditions de l'empoissonnement des eaux courantes, et l'obstacle n'existe pas même pour de grandes choses qui rentreraient bien plus directement dans le service forestier. C'est un ingénieur des ponts et chaussées, Brémontier, qui le premier a fixé par le boisement les dunes mouvantes du golfe de Gascogne, et depuis 1789 ses successeurs ont caché sous une forêt le quart de la surface de ces sables inertes. Si le corps des forêts veut entrer en partage des attributions des ponts et chaussées, il serait mieux venu à lui disputer le boisement des dunes, en prouvant qu'il le ferait avec plus d'économie et de succès, qu'à s'obstiner à retenir la police de la pêche, où le mérite incontesté de ses membres reste néanmoins impuissant à faire le bien. J'ai tenté, pour rendre cet examen moins incomplet, d'obtenir de l'administration des forêts quelques renseignements sur les procédés et les résultats effectifs de sa gestion. On m'a répondu avec une parfaite courtoisie que cette communication ne pouvait être faite sans une autorisation de M. le ministre des finances lui-même. Je l'ai demandée le 16

VI. — POLICE DE LA PÊCHE.

août 1860, et elle ne m'a point été accordée. Voilà comment, sur des faits financiers qui, dans d'autres temps, étaient mis à la portée de quiconque voulait s'instruire, j'en suis réduit à quelques chiffres du budget [18]. L'augmentation que ces chiffres proclament (581,023 fr. en 1859 contre 470,658 fr. en 1847) correspond à peu près à la dépréciation de la valeur monétaire, et le revenu peut être considéré comme stationnaire ; mais, pour avoir le produit net, il faudrait déduire du produit brut les frais de surveillance et d'administration qui portent exclusivement sur le contingent des forêts, ces frais étant nuls sur les lignes confiées aux ponts et chaussées. De plus favorisés feront peut-être ces calculs.

Quand on voit en Ecosse le duc d'Athol sextupler en un petit nombre d'années le produit des pêcheries considérables de ses domaines, on ne peut se défendre d'un peu de défiance sur l'efficacité de notre organisation. Pour juger des procédés employés, regardons au bassin du fleuve que Joseph II appelait la veine cave de la France. La Loire est classée parmi les rivières navigables à partir du confluent de l'Arzon, près Vorey, à quatre lieues au nord du Puy. De ce point à la limite méridionale du département de Saône-et-Loire, elle a, dans les départements de la Haute-Loire et de la Loire, 187,700 mètres de développement. Cet espace est divisé en trente-six cantons de pêche ; il était affermé en 1857 au prix total de 5,689 francs, d'où il suit que l'étendue moyenne du canton est de 5,214 mètres, et le produit de 158 francs. L'aménagement de la pêche peut, tout le pays le sait, recevoir dans ce bassin des améliorations qui réagiraient sur tout le fleuve. Les riverains les plus âgés n'ont nul souvenir que l'administration des forêts en ait réalisé ou étudié aucune, et les recherches que j'ai pu faire moi-même comme membre d'un conseil-général ne m'ont appris que le vide absolu des archives locales. En fait, l'administration des forêts n'a jusqu'ici manifesté d'autre pensée que celle de diviser à l'excès les cantons de pêche, pour accroître le nombre des concurrents aux adjudications et affermer de petites parcelles *à l'écorchée*, comme on dit, dans les environs de Paris, des locations de terrain à l'enchère. Le régime appliqué à la Loire est celui de toutes les rivières de France. Grâce à l'uniformité prescrite pour le commode exercice de la centralisation, on risque peu de s'égarer en jugeant du tout par la partie, *ex ungue leonem*, et l'on peut parier à coup sûr que l'aménagement administratif de la pêche est dans les watteringues de Dunkerque absolument le même que dans les eaux qui descendent des Alpes. Quoi qu'il en soit, une exagération de fractionnement à peine admissible dans l'exploitation du sol devient condamnable dans l'exploitation des eaux, où une solidarité réelle existe entre des domaines distincts. L'amoindrissement irréfléchi des cantons de pêche arrête chez les fermiers toute pensée d'améliorations. On ne maintient ainsi que l'appauvrissement des eaux, tandis que la brièveté des baux pousse à l'épuisement systématique des ressources de l'avenir [19].

Quand on compare l'état actuel de l'empoissonnement de nos eaux courantes à l'état passé ou à celui de cours d'eau analogues de quelques pays voisins, on se sent pénétré d'une double conviction : si l'appauvrissement contemporain est manifeste, la possibilité de faire renaître, d'accroître même beaucoup l'ancienne richesse, ne l'est pas moins. La décadence dont nous souffrons vient de loin, et il serait injuste de s'en prendre aux hommes vivants ou à l'une des générations qui les ont précédés. L'administration forestière n'a jamais possédé plus d'hommes instruits et zélés qu'aujourd'hui ; mais on ne peut pas invoquer son action sur des lieux où elle ne saurait être présente, la revêtir d'une autorité incompatible avec sa destination et la charger de travaux pour l'exécution desquels il lui faudrait se transformer en corps d'ingénieurs constructeurs, c'est-à-dire cesser d'être administration forestière. Telle est pourtant l'extrémité à laquelle il en faudrait venir pour la mettre en état d'opérer la restauration de la pêche amoindrie.

Dire que le personnel forestier n'a d'organisation forte que dans les régions boisées, que son service le retient ordinairement dans les pays de montagnes, que les eaux vont grossissant à mesure qu'elles descendent de leurs sources et se rapprochent des bords de la mer, où les forêts sont clair-semées, qu'ainsi la puissance de ce personnel est pour le service de la pêche en raison inverse des besoins ; ajouter qu'au contraire le personnel des ponts et chaussées est réparti pour le service ordinaire sur toute la surface du territoire, et que sur tous les points où il y a des eaux à contenir, à discipliner, à aménager, il s'accroît de ce qu'on est convenu d'appeler le service extraordinaire, ce serait prouver que la pêche sera infiniment mieux surveillée et à beaucoup moins de frais par

VI. — POLICE DE LA PÊCHE.

les ingénieurs des ponts et chaussées que par les officiers forestiers. Malheureusement, dans nos habitudes administratives, pour conclure à une réforme qui doit blesser des amours-propres, il faut de beaucoup plus fortes raisons.

La pêche en général, et la plus précieuse de toutes, celle des poissons voyageurs en particulier, a été principalement ruinée par les travaux hydrauliques établis en travers des cours d'eau navigables ou non. Les barrages de prise d'eau des moulins, des usines, des canaux de dérivation, sont absolument infranchissables pour beaucoup d'espèces de poissons, et le sont souvent pour la truite et le saumon, malgré les hauteurs auxquelles ils s'élancent. Les eaux s'épuisent alors en amont des obstacles, parce qu'elles ne sont plus ravitaillées, et en aval par suite de l'éloignement instinctif du poisson pour les parages, où il est privé de la faculté de circuler, mais surtout par l'extinction progressive du frai. À Dieu ne plaise que, pour assurer l'empoissonnement, les barrages soient abaissés, les forces motrices nécessaires à l'industrie réduites, les surfaces arrosées rétrécies, les canaux de navigation desséchés ! Ce serait sacrifier les grandes choses aux petites. Cependant, pour concilier ces intérêts opposés en apparence, il ne s'agit que d'adapter aux barrages, suivant leurs formes et leurs hauteurs, des couloirs ou des bassins gradués qui facilitent au poisson le passage entre deux plans de niveaux différents. Il a suffi d'un procédé si simple et si peu dispendieux pour remettre le saumon en possession des nombreux cours d'eau qu'il abandonnait dans la Grande-Bretagne. Il ne saurait en être de même chez nous, tant que cette disposition ne sera pas obligatoire dans les nouveaux règlements de prise d'eau dont le conseil des ponts et chaussées prépare, chaque année plusieurs centaines. Elle devra être aussi ajoutée aux règlements de toutes les prises d'eau existantes : aucune en effet, quelque autorisation qu'elle ait reçue, ne cesse d'être soumise au droit de police de l'état ; l'exercice d'un droit est limité par le droit d'autrui, et nulle usine ne peut prétendre abolir la pêche dans les eaux qui l'alimentent. Les premiers barrages à rendre praticables au poisson voyageur sont, il est superflu de le remarquer, ceux, que l'état a lui-même fait construire, dans l'intérêt de la navigation, sur les cours d'eau où la pêche est affermée à son profit. De l'exécution de cette opération datera dans chaque bassin le repeuplement des eaux désertées. C'est vainement que l'atelier d'Huningue répandrait des œufs de saumon dans toutes les rivières de France, si les saumons eux-mêmes ne pouvaient pas les remonter et les descendre, s'y établir et s'y succéder. Si de plusieurs obstacles mortels pour l'empoissonnement un seul doit être maintenu, autant vaut laisser subsister tous les autres et renoncer à toute amélioration sérieuse ; mais, si l'on veut reconstituer la richesse ichthyologique du pays, il faut aborder avec résolution et poursuivre avec persévérance le rétablissement de la circulation du poisson dans toutes les eaux. Cette entreprise embrasse toute la superficie du territoire et implique les solutions des problèmes les plus variés de l'hydraulique. Par qui ces problèmes seront-ils résolus ? Qui présidera aux constructions nouvelles ? — Poser ces questions, c'est faire voir que, pour entrer dans les conditions les plus essentielles du repeuplement des cours d'eau, il faut sortir du domaine de l'administration forestière.

Des faits d'un autre ordre, plus simples et non moins dignes d'étude, sont également hors de la portée de l'organisation actuelle. Bien des cours d'eau qui descendent à l'Océan sans être navigables au-dessus de la montée des marées sont ou du moins ont autrefois été fort riches par leurs pêcheries. Telles sont les rivières de la Bretagne et de la Normandie, d'où le saumon se trouve aujourd'hui exclu par des travaux inconsidérés. Faut-il, pour le plaisir de repeupler ces eaux par les mains des officiers forestiers, remanier toutes nos lois sur les attributions administratives, placer sous la juridiction de ces fonctionnaires estimables des provinces où il n'y a point de forêts, et les employer à des études pour lesquelles ils sont essentiellement incompétents ? Ou bien, lorsque les bassins seront éloignés de toute résidence forestière, ira-t-on recourir, pour les affaires locales de la pêche, à des agents lointains, quand les ingénieurs des ponts et chaussées, qui les traiteraient beaucoup mieux, sont tout voisins ? — Évidemment non. — Il faut changer les attributions, ou persister dans l'état de stérilité actuel.

Sur les rivières partiellement navigables, les questions sont un peu plus compliquées, et les dommages plus grands. Il y existe pour l'empoissonnement une étroite solidarité entre la partie navigable du cours et la partie supérieure qui ne l'est pas. On ne peut pas conserver la richesse d'un tronçon de rivière quand les eaux qui l'alimentent sont livrées à la dévastation. Les poissons voyageurs qui remontent de la mer aux sources pour y frayer sont, tant qu'ils demeurent dans les cantons affermés, sous la protection des agences forestières ; mais cette protection s'arrête à la limite de la navigation, et, dès qu'elle cesse, le premier venu peut interdire le passage aux poissons, ruiner les frayères, et frapper ainsi le bassin tout entier de stérilité. Ceci n'est malheureusement pas une supposition gratuite faite pour éclaircir une proposition ; c'est une réalité qui se reproduit en tête de toutes les eaux navigables. Pour rendre la police de la pêche efficace, il faut y transporter la continuité qui existe dans la condition naturelle des eaux : rien n'est plus aisé si l'on y emploie les ingénieurs des ponts et chaussées qui ont la police universelle des eaux, et rien ne l'est moins avec les officiers forestiers, car ce sera principalement en interdisant les travaux nuisibles pour en faire exécuter de favorables qu'on déterminera un bon aménagement de la pêche dans les eaux supérieures. Ce serait une grande erreur que d'imaginer qu'il s'agit ici d'un médiocre intérêt. À ne considérer que le bassin de la Loire, la Mayenne au-dessus de Laval, la Sarthe au-dessus du Mans, le Loir au-dessus de La Chartre, la Vienne au-dessus de Chatellerault, l'Indre et la Creuse dans tout leur cours, le Cher au-dessus de Saint-Amand, l'Allier au-dessus de Brioude, la Loire au-dessus de Vorey, sont, malgré la puissance de leurs eaux, sans aucune police de la pêche, et l'on peut comprendre quelle réaction exercent sur les parties navigables les déprédations commises en amont. Ce qui est vrai du bassin de la Loire l'est également de tous ceux entre lesquels se partage le territoire français. L'administration des forêts est radicalement impuissante à rétablir l'équilibre et à reconstituer la richesse ichthyologique dans ce vaste ensemble ; celle des ponts et chaussées, au contraire, réunit tous les moyens d'action désirables.

La rareté progressive du poisson dans nos eaux courantes est le résultat d'un vice d'organisation administrative qui paraît suffisamment ressortir de l'exposé des faits ; les besoins croissants de l'alimentation publique prescrivent impérieusement aujourd'hui le repeuplement de ces mêmes eaux. Trois dispositions qui ne peuvent être appliquées sans le concours de la législature sont indispensables pour atteindre le but. La première est la réunion de la police de la pêche à la police des eaux, et sa translation de l'administration des forêts à celle des ponts et chaussées. Un instrument intelligent, énergique, efficace, sera de la sorte créé pour l'accomplissement des travaux et la poursuite des mesures dont l'expérience fera reconnaître la nécessité. La transmission du service une fois opérée, le rétablissement de la circulation du poisson entre les sources des rivières et la mer deviendra facile et rapide ; les barrières qui l'arrêtent s'ouvriront graduellement, il reprendra possession des domaines d'où nous l'avons exclu, et l'abondance s'avancera sur les pas de la liberté. Enfin la nature ne fait rien qu'avec le temps : il en faut surtout aux germes pour se déposer, se développer, se reproduire, et le repeuplement des eaux ne saurait s'effectuer régulièrement, s'il était sans cesse troublé. C'est donc une condition essentielle de succès que la pêche puisse dans l'occurrence être temporairement interdite d'une manière absolue dans des bassins entiers. Il faut une interdiction absolue, non-seulement à cause des rapports qui existent entre des espèces de poissons dont les unes sont nécessaires à l'existence des autres, mais aussi parce que l'abus est trop près de l'usage dans les prohibitions partielles pour que celles-ci soient efficaces. Les eaux courantes ont encore plus besoin de temps de jachère que les terres, ou plutôt leur repos ressemblerait à celui dont jouit la forêt en attendant la maturité des coupes, le sol arable entre la semaille et la récolte, l'étang pendant les deux années ordinairement consacrées à la croissance du poisson.

Le droit d'interdiction absolue implique naturellement le droit de défenses analogues à celles qui, d'après la loi sur la chasse, s'appliquent à la vente et à la circulation du gibier. Il serait prématuré d'entrer dans aucun détail sur les objets des interdictions. Une faute très commune dans l'administration française est de décider sans savoir : il n'y a plus, a-t-on dit, parmi nous d'aristocratie que celle des gens en place, et beaucoup de fonctionnaires croient, avec les marquis de Molière, que les gens de qualité savent tout sans avoir jamais rien appris. Le brevet donnât-il l'aptitude et le savoir, il faudrait, dans les questions de l'ordre de l'empoissonnement, faire des enquêtes approfondies : ces recherches n'ont pas moins d'avantage pour les populations, à qui elles montrent qu'on ne leur demande rien que de profitable pour elles, que pour l'autorité, à qui elles donnent le sentiment de l'utilité de son action. Tous les règlements à faire doivent d'ailleurs se fonder ici sur la connaissance approfondie des faits naturels, et c'est une science à laquelle personne ne peut prétendre complètement.

Les eaux étant partagées entre le domaine public et le domaine privé, et la propriété du poisson étant un accessoire de celle des eaux, l'autorité publique et l'industrie individuelle interviennent séparément ou simultanément dans toutes les affaires d'empoissonnement et de pêche. Leur action n'est toutefois salutaire qu'autant qu'elle est en harmonie avec des lois encore imparfaitement connues de la nature. La richesse sociale que constitue le poisson d'eau douce a donc besoin, pour se développer, du concours des sciences naturelles, de la législation et des intérêts particuliers. Il n'est pas probable que ces trois bases s'élargissent suivant des rapports toujours réguliers ; mais il est certain que toute extension de l'une réagit sur les deux autres, et il n'en faut pas davantage pour qu'avec le temps le succès de l'œuvre commune soit assuré.

L'administration d'un grand état s'expose à d'étranges mécomptes lorsqu'elle méconnaît, dans son organisation, les connexions et les disjonctions qui se fondent sur l'essence même des choses qu'elle doit régir. C'est, à en juger par les résultats, ce qui est arrivé quand on a séparé la police de la pêche de celle des eaux. On a de la sorte compliqué ce qui était simple, rendu difficile ce qui était aisé, stérile ce qui était fécond. Le lien est rompu entre la pensée et l'action : la première nécessité est de le rétablir, et, si l'on aspire à de grandes choses, de saisir un instrument capable de les opérer. Cet instrument existe, c'est le corps des ingénieurs ; mais il faut le mettre en état d'agir.

L'industrie privée a fait ses preuves dans l'exploitation des étangs ; des voies nouvelles s'ouvrent devant elle aujourd'hui : elle saura les trouver, et n'a besoin que de liberté pour aller au-delà de ce qu'elle peut promettre.

Reste la part de la science : celle-là n'a pas d'autres limites que celles des secrets de la nature. Les voyageurs qui gravissent les montagnes voient, à mesure qu'ils s'élèvent, l'horizon s'étendre autour d'eux : tels seront ceux qui pénétreront les mystères de l'ichthyologie ; mais ils ne doivent pas se contenter du bonheur de voir et de sentir : il s'agit ici d'une science pratique à créer, d'erreurs et d'exagérations à condamner, de vérités à mettre en relief. À toute science qui se crée, il faut un foyer vers lequel convergent les observations éparses, où soient contrôlés et expliqués les faits nouveaux, où s'élaborent les méthodes, et qui enfin réfléchisse au loin les lumières acquises. C'est ainsi que s'est formée la chimie moderne. Le Collège de France avec son laboratoire d'éclosion, sa réunion d'hommes supérieurs, le voisinage du Muséum d'histoire naturelle et ses relations étendues, c'est là un foyer tout préparé pour la pisciculture, comprise dans son acception la plus étendue, et il ne manque qu'une organisation pour diriger de ce côté les bras et les intelligences.

## NOTES

1. Instructions pratiques sur la Pisciculture.

2. Voyez, sur l'histoire et les premiers progrès de la pisciculture, l'étude de M. Jules Haime dans la Revue du 1er juin 1854.

3. Rapport de M. Heurtier, conseiller d'état, directeur général de l'agriculture et du commerce, en date du 5 août 1852.

4. Des essais de cette manière d'employer le fumier ont été faits il y a une trentaine d'années par M. le marquis de Poncins dans des étangs de la plaine du Forez, et je me souviens de l'avoir entendu lui-même en rendre le compte le plus satisfaisant. Il mourut peu de temps après, et j'ignore si les expériences qu'il avait entreprises ont été continuées après lui.

5. En Hollande, la grande et la petite pêche se distinguent non par la taille, mais par le produit des espèces sur lesquelles elles s'exercent. Le hareng y est du domaine de la grande pêche et la baleine de celui de la petite.

6. M. de Sacy, consul de France à Venise, a donné en 1833, dans les Annales maritimes une description détaillée des pêcheries de Comacchio, et en 1855 le ministère des travaux publics a fait imprimer à un trop petit nombre d'exemplaires un travail beaucoup plus complet de M. Coste sur la même exploitation.

7. L'aquadelle atkerina, Linn.) est un très petit poisson qui vit

d'animalcules imperceptibles : il est dans les lagunes de Comacchio la principale pâture de l'anguille, et s'y multiplie à tel point qu'on l'emploie par batelées à l'engrais des terres dans le duché de Ferrare.

8. Dans le bassin de la Loire, les saumoneaux portent le nom de tacons.

9. La province de Kiang-si est traversée dans sa plus grande longueur par le 113e degré de longitude est de Paris, et elle s'étend du 25e au 30e degré de latitude nord. Bornéo au sud par la province de Canton, elle est formée par le vaste bassin de la rivière Kan, qui a la puissance du Rhône et devient par le lac Phon-yang un des affluera du Fleuve-Bleu, Yang-tsé, le plus grand de la Chine.

10. L'Empire chinois, tome II, chap. 10. Voyez sur cet ouvrage la Revue du 15 octobre 1854.

11. Ὀσφρανομενος, à cause d'une conformation particulière de l'organe de l'odorat.

12. Voici l'extrait d'une note de M. de Céré, conservée dans nos archives coloniales : Le gourami aime les eaux un peu chaudes et un peu vaseuses, les rivières tranquilles, les étangs. Il fait des nids sphériques assez gros et y dépose ses œufs. Les nids ont un pied de diamètre et sont faits avec du goémon, de l'herbe. Le mâle et la femelle ne se quittent pas pendant cette construction, et y travaillent avec une incroyable activité ; elle est terminée en cinq ou six jours. Les petits trouvent dans le nid un refuge contre leurs ennemis. Le gourami est avide d'insectes et de vers. — On dit le gourami originaire des Moluques ; de là il est venu à Java. Il a été introduit à l'Ile-de-France en 1761 par divers officiers de marine, entre autres MM. de Surville, Joannis et Magny, capitaines de vaisseau. — Il périt instantanément dans tout vase qui a contenu des spiritueux. Il vit de dix à douze heures hors de l'eau. C'est le meilleur poisson connu. Il mange tout ce qu'on lui donne, patates, racines écrasées, manioc, cassave, pain, laitues, graines. Il croit rapidement et dans toute sorte d'eaux. »

13. Le moindre choc sur le nez tue le gourami, et quand on en fait venir de l'Ile Maurice à l'île Bourbon, où il compte parmi les mets les plus recherchés, on prend le soin de revêtir les parois latérales des récipients dans lesquels on le transporte de toile, inclinées contre lesquelles il peut se heurter impunément. Malgré

le voisinage de l'Ile Maurice, le gourami ne s'est point naturalisé à l'île Bourbon : peut-être est-ce en raison du peu d'étendue des eaux tranquilles dans cette colonie.

14. Les Norvégiens et les Suédois, dignes descendants des Normands, qui faisaient trembler au IXe et au Xe siècle l'Europe civilisée, se nourrissent presque exclusivement de poisson ; il en est de même de la population des lagunes de Comacchio, dont M. Coste signale la force et la beauté, et, sans aller chercher au loin, les villages de pêcheurs de nos côtes se distinguent par la vigueur physique et morale de leurs habitants.

15. Omnia in mensura et numero et pondere disposuisti Sap. XI, 21).

16. Un sol dépouillé ne conserve pas sa fraîcheur comme celui que protège un manteau de verdure. S'il est en pente, les pluies d'orage le ravinent, l'entraînent, finissent par mettre à nu le roc sur lequel il repose, et les eaux, au lieu d'imbiber les végétaux et de s'infiltrer dans le sein de la terre, se précipitent en torrents à la surface, Il en est autrement dans les pays de forêts. L'action des bois s'exerce au moment et à la suite de la chute des pluies; elle n'est pas moins puissante sur les circonstances météoriques qui en précèdent la formation. L'attraction exercée sur les nuages par les sommets des montagnes et les grandes forêts est partout manifeste, et dans les temps de brouillard, aux heures des rosées, on voit dans les massifs d'arbres chaque feuille distiller la goutte d'eau produite par les vapeurs qui se condensent à sa surface. L'air est ainsi déchargé en détail par les grands végétaux d'une partie des eaux que feraient ruisseler les orages. C'est ainsi que des cours d'eau réguliers vivifient les contrées boisées, et que les montagnes dénudées n'ont que des torrents alternativement débordés ou desséchés. La comparaison entre le bassin de la Garonne et celui de la Durance met en relief cette vérité.

17. Rapport du 25 novembre 1859 à M. le ministre des finances et à M. le ministre de l'agriculture, du commerce et des travaux publics.

18. Le produit de la location de la poche dans les eaux navigables ou flottables a été :

|  | francs |
|---|---|
| En 1847 de | 470,658 |
| En 1848 de | 469,526 |
| En 1849 de | 471,350 |
| En 1850 de | 508,750 |
| En 1851 de | 526,397 |
| En 1852 de | 525,016 |
| En 1853 de | 518,945 |
| En 1854 de | 514,035 |
| En 1855 de | 510,701 |
| En 1856 de | 501,620 |
| En 1857 de | 493,540 |
| En 1858 de | 515,645 |
| En 1859 de | 581,023 |

Ces treize lignes, extraites des comptes de l'administration des finances, sont tout ce qu'elle a publié en treize ans sur la pêche.

19. Ces vérités paraissent comprises dans le bassin de la Saône, et plusieurs fermiers des cantons voisins de Mâcon essaient en ce moment même de former une association dont l'étendue promettrait des améliorations importantes : si l'on dit vrai, M. Vicaire, aujourd'hui directeur-général des forets, serait très favorable à ce projet.

ISBN : 978-1985279483

www.ingramcontent.com/pod-product-compliance
Lightning Source LLC
Chambersburg PA
CBHW070412230526
45471CB00006B/2765